寻找生活——环球风格阅览

北欧及波罗的海地区

GLOBAL STYLE

凛冽欧罗巴

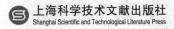

上海科学技术文献出版社
Shanghai Scientific and Technological Literature Press

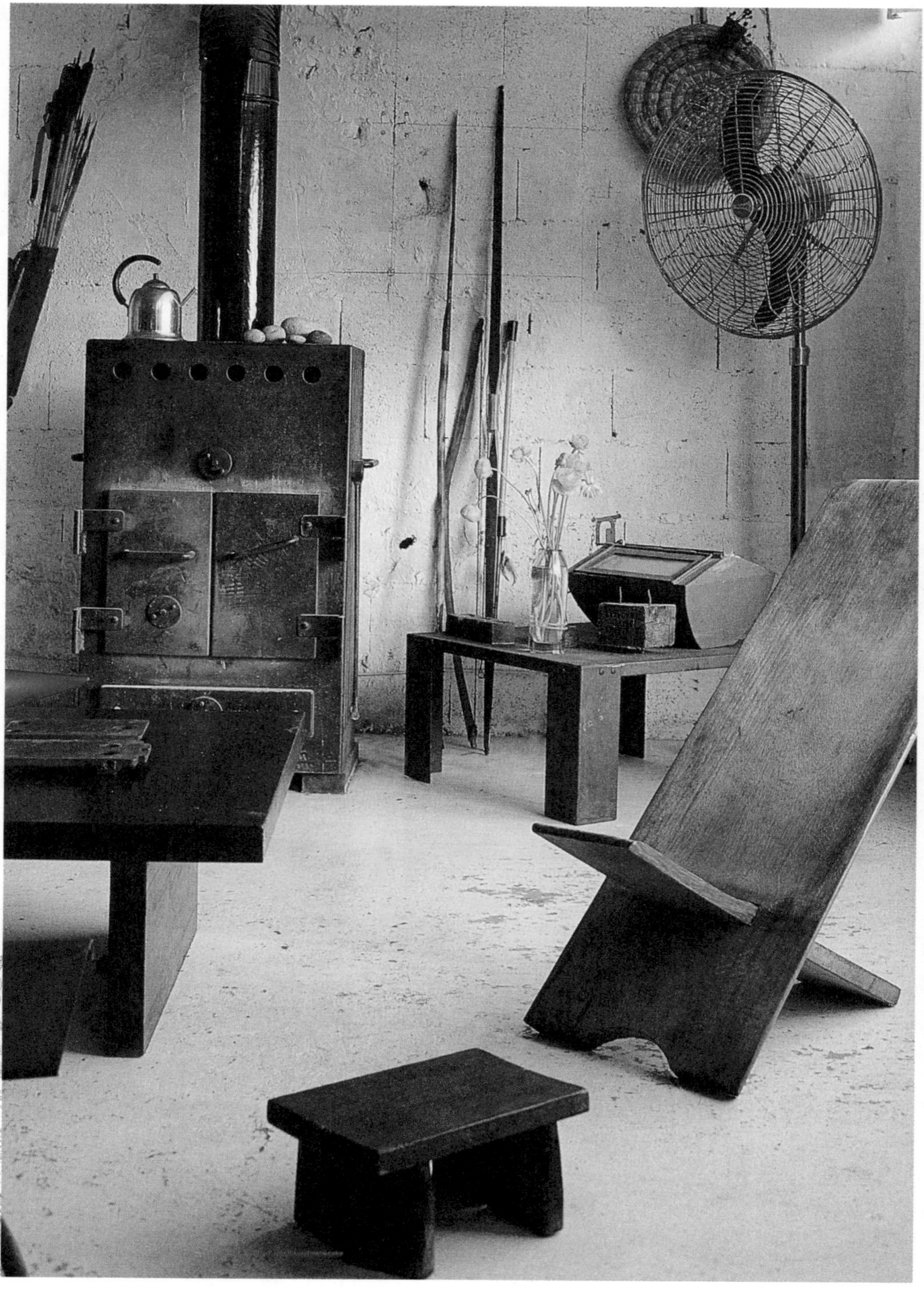

目录

目录

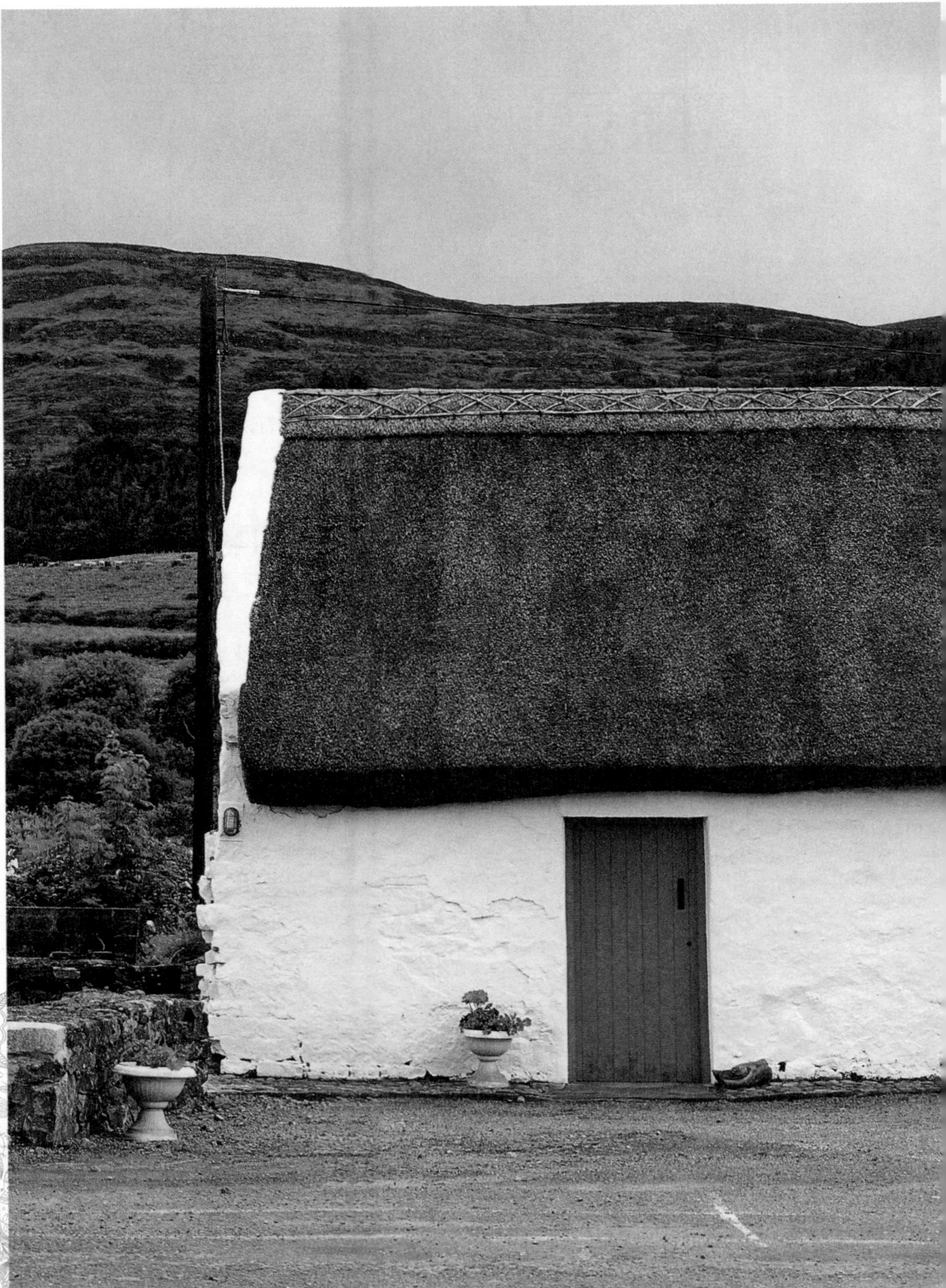

Ireland

爱尔兰

▼ 爱尔兰人的传统住宅，白色石灰粉刷墙壁，简单的松木门，使其与自然环境非常协调。

　　爱尔兰位于欧洲西部爱尔兰岛的中南部，西濒大西洋，东北与英国的北爱尔兰接壤，东隔爱尔兰海与英国相望，中部是丘陵和平原，沿海多为高地。公元前3000年欧洲大陆移民开始定居爱尔兰岛。12世纪爱尔兰进入封建社会，1169年遭英国入侵，随后英王亨利二世（Henry II Curmantle，1154—1189年在位）确立了对这片土地的统治权。1541年起英王成为爱尔兰国王，1800年签订条约，成立大不列颠及爱尔兰联合王国。1916年都柏林爆发抗英的"复活节起义"，英国政府被迫于1921年底允许爱南部26个郡成立"自由邦"，享有自治权，而北部6郡（现北爱尔兰）仍归属英国。1937年，爱尔兰宪法宣布"自由邦"为共和国，

1948 年 12 月 21 日，爱尔兰议会通过法律，宣布脱离英联邦，第二年英国承认爱尔兰独立，但拒绝归还北部 6 郡。

爱尔兰，拥有一个令世人心向往之的都柏林。这座曾不断受到外来文化冲击的城市，其建筑与装饰风格也呈现多元化的影响，样式繁多。它尊重传统，又富于创造，新建筑在旧建筑群中适度混合，这种新旧共存的特殊活力是爱尔兰人独特的民族特性的体现，也是他们格外引以为豪的魅力。爱尔兰素来被称为大西洋上的绿宝石，其首都都柏林作为著名的文学之都则是绿宝石中一抹珍贵的黝黑点缀，汇聚了爱尔兰文化的精髓，堪称其精神之代表，这座濒临爱尔兰岛东岸的城市充满了古色古香和诗情画意，在几乎没有摩天大楼的都市中，城市与乡村、海滨与田园、幽静与热情联为一体，宁静朴素的街道，到处散落的咖啡店和报亭、书店和邮局，街头，安详的人群，在这里，一切都会让人忘记了生活的节奏。

▼ 爱尔兰的传统建筑，与自然共存。

▲ 爱尔兰风格的居室中，精致的细节布满整个房间，无论是墙面的优雅、地毯的精致，还是家具的古朴，都值得让人细细回味。

▼ 漂亮的雕塑和陶瓷是爱尔兰人值得称道的特色艺术品。

▶ 法国的纺织技术使得爱尔兰的织品无论从工艺还是技巧上都更上一层楼。正是利用这些漂亮的地毯、挂毯、窗帘甚至布艺坐椅，爱尔兰人的家才变得如此多姿多彩。

作为岛国的爱尔兰一直不断受到各种外来文化的冲击，而都柏林则是爱尔兰受英国建筑风格影响最大的城市。统治英国百年之久的乔治王朝风格的建筑在都柏林比比皆是，品味街道旁一排排整齐的红砖圆门的乔治风格建筑，成为漫步在都柏林最美妙的经历之一。在爱尔兰，文艺复兴来得很晚，首先以室内装饰、壁炉和英国都铎风格的其他小件形式出现，直到17世纪晚期奥蒙德公爵重新设计都柏林时，文艺复兴的全部魅力才显露出来。这时艺术中心在都柏林，建筑中的代表作有爱尔兰银行、基尔梅哈姆医院、三一学院图书馆、蒂龙大厦、克兰威廉大厦、鲍尔斯考特大厦和莱因斯特大厦等。

城市的老式住宅融合了乔治时期盒子式的设计，并配以华丽的维多利亚式装饰，因此在这里既可以看到满墙的常青藤、装饰型的线角、协调的比例，也可以看到多种颜色、多种质感的墙壁、坡度陡峭的屋顶和不对称的外观。在都柏林，城市住宅还有一个有趣的特点——镶板门经常被涂成蒲公英黄色、洋红色、海蓝色、绿宝石色、淡紫色等，这样的房门显得充满活力。爱尔兰人喜欢用具有自己民族传统的东西来装扮环境，这些东西包括手工透孔织品、亚麻织品、被子等织物，红木、胡桃木、松木等做的家具，闪亮的银器、瓷器和水晶。从19世纪开始，都柏林的家庭装饰就受到英国摄政王和法兰西帝国风格的影响，漂亮的中国瓷器等东方艺术品也是富有人家必不可少的装饰品。与一般的大陆风格相比，都柏林人喜欢在门厅用爱尔兰的水彩画或风景画做装饰，为其他房间的布置定出基调，而起居室一般选用凯尔特图案的地毯，卧室中的松木床散发着清新的芬芳，床上铺着清爽的亚麻制的爱尔兰床单。厨房里，用两种活泼的颜色油漆的酒柜和碗柜更增加了爱尔兰特色。这些本地化的特征给与其似曾相识的大陆风格打上了深深的爱尔兰烙印。

当然，现在的都柏林不仅有乔治时期的建筑，越来越

▼ 四柱华盖床让人感受着温暖和浪漫，墙面则采用印花墙纸，与浅色的床品相呼应，卧室的设计在风格统一中寻找着视觉的变化。

▶ 安静的卧室内，是古典家具和装饰品的表现场所，整个空间被营造得既温馨又高贵。

▼ 浅绿色的居室
表达着主人对大自
然的渴望和热爱。
色彩通过空间内不
同物件的表现，呈
现出不同的肌理和
表情，极具感染力。

▼ 在墙面、沙发
及地毯细节的烘托
下，白色的橱柜在
整个空间中占了视
觉的主导。

多的新式建筑也拔地而起。在这种背景下，人们对都柏林的印象不再是忧郁和冷清，而在于其新旧共存的特殊活力。城市的决策者非常注意新建筑在城市天际线中的尺度和比例，新的建筑在旧的建筑群中适度混合，从色彩和尺度上与城市的肌理相协调，从任何一个角度观察，新的建筑都与整个城市有着良好的关系。现代建筑的幕墙玻璃上投射出古老的乔治时期的穹顶，犹如一幅幅抽象画；在老房子改造的酒吧中璀璨的蓝色玻璃吊灯、不锈钢基座的高脚几凳，与原有的石膏线脚和木质墙群交相呼应；极少主义设计风格的室内，落地的大玻璃窗外却是比邻的老屋坡顶及其斑驳的墙面。这种新旧交织让城市充满了令人激动的多变魅力。

　　新都柏林人不因循守旧，其新式住宅的风格也在人们创新的观念中趋于多样化。他们创造性地吸取了很多现代

木材是爱尔兰人最喜欢的材料，被大面积地运用到居室中，配上色彩明快的瓷砖，给人清新但优雅的空间气质。

壁炉成为家中最重要的装饰场景，特别是其整体的设计以及周遭的摆设，更成为主人身份的象征。

元素，无论在新的建筑还是老的房子中，他们总能将室内布置得别具一格，看得见风景的房子则成为艺术家的首选，他们让老房子充满了艺术和历史的沉淀：斜拼的木地板尽管年代久远却充满了做工精良的细部；白色粉刷的墙面和减化线角的踢脚、暖气罩显露出一种现代的追求；美国橡木、意大利石灰岩、真皮沙发，这样的材料搭配又显示出精致的时尚感。新与旧的混合因此成为都柏林设计中最重要的特征，经过都柏林人的创造，呈现出耐人寻味的细部和让人着迷的魔力。

England
英格兰

英国是一个岛国，历史上，大不列颠岛、爱尔兰岛和附近众多的大小岛屿都曾经属于它的统治范围，在 1921 年 12 月爱尔兰南部 26 个郡成立自由邦后，英国在爱尔兰岛的领土缩小至东北部，国名也因此改称为"大不列颠及北爱尔兰联合王国"。英国东南部濒北海，隔着英吉利海峡与欧洲大陆若即若离，离相距最近的法国只有 33 千米的海底隧道，北部与冰岛也是一水之邻，西部则与爱尔兰接壤，越过浩瀚的大西洋，北美大陆便遥遥在望了。

英格兰无疑是人类历史上很值得浓墨重彩去讲述的地方，而伦敦毫无疑问是这个地方的名城。名城并不稀奇，伦敦却着实是稀奇的，因为无论去过还是没去过，无论是常来常往还是初次到访，几乎所有人谈论伦敦的方式，都是一出如数家珍的老友记：王室迷的亨利八世、历史迷的大英博物馆、谍战迷的007邦德、军事迷的丘吉尔、政治迷的海德公园、小说迷的福尔摩斯、音乐迷的甲壳虫、戏剧迷的西区剧院、侦探迷的苏格兰场、哈利·波特迷的国王十字车站九又四分之三站台、戴安娜粉丝的肯辛顿宫、购物狂的哈洛兹百货，还有属于新闻人的舰队街、属于时尚人的萨维尔街、小资们的考文垂花园和创意人的东区废旧仓库……每一条街道都是曾经的脚步，每一栋房屋都是故园的风雨，伦敦是旧相识，每次的相遇都是一场散发着皮革烟草香气的图书室壁炉前的下午茶叙，有沉静温暖的温度，也有新鲜跳跃的火光，永远不会让人厌倦。

在不列颠群岛上，很早就有人类活动的痕迹。公元前3000年左右，伊比利亚人从欧洲大陆来到大不列颠岛东南部今天的伦敦附近地区定居，公元前700年后，凯尔特人

▼ 彭里斯（Penrith）街景，位于坎布里亚郡。此钟楼建于1861年。

▼ 典型的英格兰风格红砖民宅，远景是巍峨高耸的哥特式教堂，四角的塔楼传递出来自中世纪的气息。

◀ 诺里奇（Norwich），位于诺福克郡。图中是诺里奇会馆，建于1407年，是英国最大的中世纪市政厅。

▶ 绿树掩映的旧宅，是典型的英格兰乡间景色。

颇具匠心的门廊设计，让庭院的景色更为集中，午后在露天喝个下午茶，就是英格兰的生活享受了。

外貌略显丑陋的住宅，却完美地展现了质朴之美。
狭长宁静的街道边是工业革命后出现的新型联排建筑。

也进入不列颠群岛并定居下来。而伦敦建城大约有两千年左右的历史，根据《罗马书》记载，公元前 55 年左右，罗马帝国开始向不列颠扩张领土，公元 43 年克劳狄一世亲自率兵征服了这个地区，将其变为了罗马的一个行省。罗马人以泰晤士河口为中心，建立了一个平民聚居点，并以此为中心，向外开拓道路，修筑城墙，逐步扩展为一个颇具规模的城市，也是罗马在不列颠统治和对外联络的中心。罗马人给这个聚居点取名伦迪钮姆，学者通常认为这个看似非常拉丁的名字，其实来源于凯尔特人的语言，意为"荒野之地"或"河流经过的地方"，这就是伦敦历史有据可考的源头了。

2 世纪时，伦敦城进入第一个发展高峰期，有 3 千米长，6 米高，2.5 米厚的石头城墙，这城墙一直到 17 世纪依然存在，并确定了此后百年间伦敦中心城区的边界，城中有大量恢弘的公共建筑群落：神殿、浴场、剧院和城堡，富人们居住在石头修建的大屋里，而穷人们则有简陋木屋。4 世纪中期以后，罗马帝国逐渐衰落，到 407 年罗马驻军全部撤离，伦敦城也随之衰落，大批居民离开，只剩下少数渔民和农夫留守。其后不久，盎格鲁—撒克逊人迁徙而来，在不列颠兴起了七个英格兰王国，同时也在伦敦的罗马老城以西 1 千米处修建了新城伦敦维克。9 至 10 世纪，老城逐步复兴和新城合并扩张，在历经丹麦人的入侵、阿尔弗烈德大帝的收复和征服者威廉的驾临之后，伦敦终于在 12 世纪成为英格兰的首都。在这个漫长的、被后世认作中世纪的时期里，伦敦塔、王宫、切特豪斯修道院、威斯敏斯特大教堂、伦敦桥等著名建筑都被先后修造起来，人们所熟知的那个伦敦藉此缓慢成型。

　　建筑是伦敦城市风格的核心和骨架，纵向是重重叠叠的历史画卷，横向是社会生活各个领域的全景呈现，将绵延千年的宗教信仰、王朝变迁、文化传承、市井百态在同一时间和地点鲜亮地渲染开来，不同于世界其他地方的古迹新貌，因着温莎王室与时俱进的坚韧传承，伦敦从未成为让人抚今追昔的地方，在这里一切都是活着的，一脚迈过去就是千年的时光，就算是建筑物本身和建筑风格的锻造，也多是数百年来不断修建和装饰的结果，完工之时仿佛仍未可期，游历其中，真可谓地球上最真实的穿越了。

　　公共建筑的代表是威斯敏斯特大教堂，也被称为西敏寺，960 年初建时，是罗马风格的本笃会隐修院，1050—1065 年间，由爱德华一世倾国之力建成哥特式大教堂，但在 1245 年被亨利三世大规模重建，原来的构架几乎完全被推翻，从 13 至 15 世纪的几百年间，历代国王对它都有修改和扩建，终于拥有了现在那些仿佛从地狱蔓延生长而出

▶ 古典风格的卧室，在陈设中处处体现了对称均衡的审美趣味。

▼ 长条餐桌出奇的朴素，并没有太多的装饰，复杂的椅背设计才是亮点所在。

◣ 排列成环形的佩剑成了墙面最别致的装饰，骑士情节在英格兰代表着某种永恒不变的风度。

◤ 温馨小巧的卧室，错落摆放的装饰画让墙面有了丰富的视觉感。

壁炉对于多雨的英格兰是不可或缺的生活必需，在壁炉边的高背椅上读一本书，或是促膝长谈，应该是不亦乐乎的吧。

维多利亚风格的起居室，靡丽纤巧的女性气质显露无余。

直线条的空间中充斥着大量布艺，有刚柔反差强烈的对比美。

的美丽线条，盘旋而上陡峭的扶壁和尖顶，美轮美奂的彩色玻璃，华丽、森严、仰而弥高，以哥特风格为主调，在细节装饰上却可以称得上是多风格自由混搭的大教堂，英国荣誉的峰顶。它是从征服者威廉到伊丽莎白二世，王室加冕、婚礼和葬礼的专属地——过去是，现在是，将来也依然是。与之相呼应的是议会大厦，同样在1050年由爱德华一世开工，一样的名字——威斯敏斯特宫，一样的修修补补建了数百年，从1295年开始成为英国国会的会议地直到今天，在1834年的一场大火中毁坏殆尽，1858年完成重建，幽默的英国人选择了带有致敬意味的哥特复兴风格，是维多利亚浪漫风格的杰作。在几百年里，伦敦的哥特风格就像有生命一样更新成长，历久弥新。

宫廷建筑的典型是伦敦塔，它被称为"女王陛下的宫殿与城堡"，最初由征服者威廉在1066年开始建造，是石材为主的诺曼底式城堡。威廉之后的都铎、斯图亚特、温莎等各个王朝王室又持续添加和扩充了一系列的建筑物，虽然整体风格统一在诺曼底风格之下，但内部细节装饰却反映出从哥特、都铎、乔治到维多利亚时期的各种风格样式。伦敦塔是保卫或控制全城的城堡，是举行会议或签订协约的王宫，是关押最危险的敌人的国家监狱，是当年全英国唯一的造币场所，是储藏武器的军械库，是珍藏王室饰品和珠宝的宝库，也是保存国王在威斯敏斯特法庭大量记录的档案馆。詹姆士一世把它作为居住的宫殿，亨利八世把它当作行刑场处决了自己的妻子安妮·博林皇后，二战时这里囚禁过希特勒的副手鲁道夫·赫斯，伊丽莎白二世则把它当作王室珠宝和盔甲的存放地，供公众参观，一如既往地与时俱进。

　　民居建筑总是城市风格的半壁江山，从都铎时代起，伦敦居民对于建筑的注意力开始转向舒适的住宅，它们有着突出的交叉骨架山墙，两个或者三个砖石砌的大烟囱，狭长窗扇组成的双悬式或菱形凸窗风格称为主流，因出现

▼ 华美的纹样渲染出贵族空间的奢华。

▼ 明显带有东方风格的小摆设和织物，是主人游历世界后最心仪的藏品。

028

▼ 多样堆砌的墙
面装饰和繁花图案
的织物材料，让小
小的会客空间丰富
而亲切，有种陷落
于其中的感觉。

▶ 华丽而款式各
异的镜框是居室装
饰的重点，浪漫的
曲线是浪漫主义的
特征。

在都铎王朝期间所以就被以都铎风格命名，其最突出的特色是半木结构（或叫露木结构）的外观：内外墙均用木构架，而在构架之间填以砖或灰泥。漆成深色的木材和淡色墙面形成强烈对比，屋顶为陡峭的双面坡顶。这种房屋具有鲜明的装饰特色，是伦敦街头最吸引人的景色。而在19世纪出现的都市联排民居则沿用了都铎风格美丽的凸窗，外观以红砖和石膏作为装饰细节，呈现优雅宁静的视觉效果，这些朴素优美的民居是英格兰城市的标志性记忆符号，在随后的殖民时代一直延伸到大洋彼岸和世界各地，成为新移民的乡愁。

伦敦是座绝对不会被错认的城市，千年以来国王和大臣、修士和圣徒、贵族和平民、文人和学者、贩夫走卒和演员明星、罪犯和窃贼一起造就了它的风情，使它拥有无比丰富的形态和活泼的气息，却又在高耸的教堂、古老的王宫、湿润的街道、红砖联排屋、流光溢彩的剧院区和粗糙陆离的工厂区、大片的草坪和园林，以及红色电话亭和

宫廷式的帘幔设计，搭配图案繁琐的纺织品，让整个空间都包裹在一种柔软华丽的氛围里。

双层巴士、黑色出租车、手杖、烟斗和风雨衣、丰盛到奢侈的早餐和优雅的骨瓷下午茶具等一系列近乎固执的文化传承符号下完美地统一起来，从城市天际线到建筑物，从色彩到装饰细节，形成特立独行的风貌，正如伊丽莎白女王的着装原则，不考虑他人的观点，不为时间所动，却是那样鲜明突出的英伦风格——是创造者，而非追随者。

室内的扶壁是纯装饰性的，却让房间有了自然的间隔，空间功能一目了然。

门框上精美的牙饰是乔治风格的典型特征。

明亮大胆的橙色和红色，搭配木质家具沉稳的深色，让空间显示出递进的层次感。

Scotland
苏格兰

▼ 乡间的古堡是
苏格兰高地的标志
之一。

苏格兰位于大不列颠岛的西北部，是英国的一部分。
苏格兰是英国最优美的风景区，也是最多变的地理区，被
高地断层线从中心区一分为二，北部是荒凉光秃的高地地
区，南部则是绵延的丘陵和农业平原。苏格兰在历史上曾
是一个独立的国家，自 1604 年开始并入英格兰，接受斯图
亚特王朝的统治，但它依旧保留了自己的货币。独特的地
理和历史条件，使苏格兰人一直保持着较少的人口和空旷
的土地，也因此孕育出一种遗世独立的非凡气质，被誉为"欧
洲最后的荒漠"，静静地向世人展示着超乎想象的寂静之美。

就像绚烂的苏格兰短裙一样，建筑和装饰同样诉说着
苏格兰人的历史和归属，苏格兰拥有鲜明的民族特色——

空灵悠远的风笛、温暖艳丽的格子短裙，以及五个多世纪来全世界饕餮们的梦想——采集红色花岗岩缝中涌出的清泉精心酿制而成的高地特产，苏格兰威士忌。苏格兰的人文风光同样令人惊艳。首府爱丁堡是一座历史悠久的古老的盾形城市，宝石般镶嵌在洒满金色阳光的苏格兰南部中心地带，有"英国最美丽的城市"之称，迷人的中古韵味和浓郁的艺术气息是它最突出的特色。城内中古时期的街道巷弄与超过十个世纪之久延绵的精致联排屋随处可见，从以火山岩为基础建构而成的神秘古朴的城堡到庄严的苏格兰王宫"圣十字宫"，各种古希腊式、古罗马式、文艺复兴式风格的建筑无所不有，整个城区都带有一种维多利亚时代迷人的风度。而世界上历史最悠久、规模最大的国际性艺术节——爱丁堡国际艺术节自 1947 年创立以来，至今仍是全球爱好艺术的人士每年一度的神圣节日。

苏格兰的另一座重要城市是格拉斯哥，它是全英国最

▼ 温暖的客厅有弧形的落地长窗，院落中的景色一览无余。

▶ 用著名的法国博韦挂毯装饰的大客厅。

大、最有趣的城市之一，也是最具有苏格兰风格的城市。在著名的乔治广场四周满是维多利亚时期留下的精致建筑，其中最具代表的是东侧一栋朱红色的建筑，1888 年于维多利亚女王时期启用，大厅的拱顶天花板，大理石和纯白雪花石做的阶梯，处处都体现着这个"最伟大的维多利亚城"的品质。格拉斯哥大教堂建于 1136 年，是向格拉斯哥的守护神圣蒙哥（St. Mungo）致敬的伟大工程，由高低两个教堂组成，历经三百年才完工，并奇迹般躲过了宗教革命的冲击而保存至今。还有建于 1451 年的格拉斯哥大学，它是苏格兰第三古老、英国第四古老的大学，建在小山丘之上，多为哥特式建筑，那高耸的塔楼及其尖顶令人惊叹不已。

不过除了这些，格拉斯哥得享盛名，很大程度上还应该归功于这座城市在"新艺术运动"中的贡献，尤其是在建筑和装饰方面杰出而独到的表现。"新艺术运动"是兴起于 19 世纪末 20 世纪初的艺术运动，其内容几乎涉及到所有的艺术领域，包括建筑、家具、服装、平面设计、书籍插图以及雕塑和绘画。"新艺术"在表现方式上注重造型的自然线条，如蔓草、花卉、鸟兽、藤鞭等，其风格来自于欧洲中世纪艺术和18世纪洛可可艺术的造型痕迹和手工艺文化的装饰特色，同时也带有东方艺术的审美特点以及对工业新材料及新技术的运用，显示了人们对过去的怀旧和对新世纪的向往和激情。从1880年到1910年，在近三十年的时间里，先是整个欧洲与美国，后来又波及到全世界，"新艺术运动"对现代的设计和文化艺术产生了巨大的影响，被许多批评家和欣赏者看作是艺术和设计方面最后的欧洲风格。

这场伟大的艺术运动起源自英国，而英国的"新艺术运动"主要在苏格兰的格拉斯哥。格拉斯哥学派在运动中发展了独具特色的直线风格，与其他国家所发展的流动曲线风格形成对比，并主要表现在建筑、室内设计和壁画上。这种直线风格影响了德国、奥地利等国的"新艺术"风格，

▼ 玄关处的镜子设计非常贴心，朴素的木椅是当地手工艺人的作品。

▶ 墙上的油画肖像让非常私人化的起居室平添了不少历史感。

▼ 安逸舒适的起居室，是阅读和休闲的好去处。

▶ 宽敞的大厅有一种乡间特有的粗犷味道，天花用三角图案装饰，非常特别。

与法国和比利时等国流行的曲线风格共同形成了"新艺术"风格的两大特点。其中取得最令人瞩目的设计成就的就是"格拉斯哥四人团"（Glasgow Four）：查尔斯·麦金托什（Charles Rennie Mackintosh,1868—1928）、赫伯特·麦克内尔（James Herbert MacNair, 1868—1955）、玛格丽特·麦克唐纳（Margaret MacDonald Mackintosh,1865—1933）、弗朗西丝·麦克唐纳（Frances MacDonald,1873–1921）。这个小小的群体的设计不仅囊括了工艺美术、建筑，而且在形状和装饰方面表现了崭新而独特的构思。在 19 世纪 90 年代至 20 世纪初，他们在格拉斯哥城内的建筑、室内设计、家具、玻璃和金属器皿等方面留下了许多天才的作品，形成了独一无二的苏格兰"新艺术"风格，即柔软的曲线和坚硬高雅的垂线交替运动的新表现手法，让这座城市变得风格独具。最能说明这种独特的苏格兰风格的，就是希尔住宅（Hill House）。

希尔住宅，意思是山丘上的住宅，是麦金托什的设计，

▼ 拱形的天花板和门廊让餐厅带上几分哥特的味道。

◥ 格子花呢是苏格兰人的灵魂图腾。
▲ 客人房中有美丽华盖的大床。

也是苏格兰典型的建筑形式。希尔住宅的外立面有一层类似灰泥的石膏，这种外立面也是对多雨的苏格兰建筑的传统处理方式。石板屋顶则赋予房子一种严峻的神情。在室内，简洁的立体图形与地板的同类图形相呼应，这种基调延伸到长方形门框、天花板、墙板和几何灯具，简洁的格子形主宰着室内，配色柔和，汇成简洁而空旷的整体效果。玫瑰是麦金托什和格拉斯哥派最常用的装饰图案，家具都具有高度的装饰性，有些家具纯粹是装饰，是摆放在那里的艺术品。白色的主调也是希尔住宅的常用元素，配合阳光变动、季节变化和绿色植物，展示出与自然的融合愿望。

Belgium
比利时

▼ 庭院中有砾石
铺设的小径，一派
童话景色。
▲ 白墙红瓦的佛
兰德斯风格民居。

　　比利时，源自古凯尔特语中的 Belgium，寓意"勇敢、尚武"。它位于西欧的中心腹地，北接荷兰，东邻德国、卢森堡，南部与法国交界，西部则濒临北海，隔着多佛尔海峡与英国遥遥相望。比利时人口只有 1000 万，国土总面积大约 3 万多平方千米，地势由西向东逐步升高，境内多为舒缓的平原，最高的山峰也不到海拔 300 米。因为地处中高纬度，比利时属于典型的温带海洋性气候，四季鲜明，风光宜人。春天百花盛开；夏天晚上，八九点钟迎着凉爽的海风漫步街头，依然可以见到天边晚霞的余彩；秋天黄叶遍地，和煦的阳光穿过树林反射出斑斓的色块，仿佛塞尚的名画，而冬天萧索的短昼也别有一番韵味，是一个美丽的小国。

从中世纪起，比利时就因其地理位置而成为欧洲大陆南来北往的贸易中心，以繁华富庶而闻名于世，数不清的辉煌建筑和各类艺术珍品见证了它引以为豪的过去。而如今欧洲联盟、北大西洋公约组织都将总部设在这里，将近1000多个国际性的官方和非官方机构也都在比利时设立各自的办事处，比利时首都布鲁塞尔因此被称为欧洲的首都，安特卫普以世界上最大的钻石加工和贸易中心而声名远播，美丽的布鲁日则以16世纪的古迹和媲美威尼斯的水景而广受赞誉。

比利时的建筑之美，首见佛兰德斯风格。佛兰德斯的

▼ 红瓦铺就的斜顶，带来的是阳光的味道。

◣ 可爱的烟囱十分俏皮。

◣ 精致的老虎窗给人世外桃源的错觉。

◣ 蓝天白云之下的传统民居，可以说每换一个角度，都能变幻出一幅不同的画面。

◣ 园艺是比利时人人精通的手艺，整齐的冬青丛通向温馨的家门。

▼ 混合风格的家具摆放，是具有强烈个人气息的起居室，梁柱结构是独特的看点。

▼ 清单朴实的色彩，让居室充满春天的气息。

名字来自公元 7 世纪领有这块土地所有权与荣耀的佛兰德斯公爵，它是比利时历史重要的文化源头。号称"佛兰德斯珍珠"的布鲁日就是围绕着公爵坚固的城堡而逐步建立起来的城市，在 12、13 世纪时成为西欧第一大贸易港口，15 世纪以后因为通往北海的水路被淤泥堵塞而逐渐衰落，但也因此保留了非常完整的佛兰德斯古典风貌：宛如童话的红瓦白墙鳞次栉比依水而建，俏皮轻巧的山形斜屋顶上开出精致的老虎窗，门前屋后的栅栏上是爬山虎浓密的绿茵，因为纬度高，佛兰德斯风格总是毫不掩饰对阳光的热爱——窗户尽可能的大，最好是落地通透的，窗台上最重要的装饰是各色的鲜花，院子里芳草鲜美，总有朴拙的秋千架随风飘荡；市中心的广场由砾石铺就，宏伟的哥特风格教堂钟楼和尖塔在太阳的照射下闪出圣洁的光芒，凹凸不平的窄路一直延伸到小巷深处，古老的城墙、石桥，悠闲转动的风车倒映在运河幽暗的波光中，一派祥和宁静，仿佛时间一直停顿在中世纪的某个午后，从未移动。

比利时具有代表性的建筑装饰风格，还有文艺复兴运动后产生的，具有某种先后联系的洛可可风格（Rococo）和新艺术风格（Art Nouveau）。洛可可风格在18世纪后期由法国传入比利时，带来了属于路易十五王朝的纤细、华丽、繁复的审美趣味。这一时期的比利时建筑多半有着细长小巧的柱式，显得轻盈柔和，在装饰上大量使用贝壳、涡形花纹和流丽的花草纹样，S形的圆润曲线代替了水平线、垂直线和直角，给人亲切舒适的感觉，与比利时注重自由和生活品位的民风非常吻合：精致的私邸代替了豪华的宫殿，温暖的木制镶壁板取代了略显冰冷的大理石，匠心独具的小装饰品让居家分外温暖惬意。到18世纪末期，伟大

▼ 阁楼结构上的倾斜线条为空间增加了有趣的装饰感。

◢ 黑白配永远是时尚的主调，柔和相间的黑白变冷静为包容，视觉上更为愉悦。

▶ 轻巧的曲线造型扶手椅匠心独具。

▼ 华丽的接待大厅，墙面以连续的装饰画带出艺术氛围，色调突出的靠椅也点染出矛盾的美感。

▶ 油画的装饰让房间变得优雅而内敛。

的比利时画家兼设计师亨利·凡·德·维尔德（Henry Van de Velde）创造性地将高度抽象过的线条运用到建筑和装饰造型上，成为造型最重要的元素。这种抽象成功地将洛可可风格进行了现代化改造，并由此带起了一场风格革命，新艺术风格由此诞生并席卷世界。注重结构和技巧，简练而流畅的非对称性感性曲线是这一风格的重要特征，也让比利时的建筑成为艺术史上最早迈入现代风格的先驱。直到今天，安特卫普仍然是欧洲不可动摇的艺术时尚策源地，每每有惊艳创意，令世人倾慕折腰。

在细节陈设方面，手工勾的花边是最富比利时特色的装饰品，从窗帘、餐布、杯垫到成套的寝具，细腻华美的蕾丝总能化平凡为神奇，带来最纯正的欧洲贵族品位。此外，手工编制的饰带、皮革制品、美丽的焊锡器皿、水晶灯、古朴的陶器和绘有宗教故事图案的瓷盘，都是比利时人最偏爱的风格元素。

比利时风格给人的，是一次最甜蜜不过的旅行：路上

是各式各样的巧克力店，薄荷的、奶油的、酒心的、坚果的……那么多的巧克力堆积成最华丽的等待，让你随意挑选，然后抱着它坐到运河边的长椅上，放一颗到嘴里，慢慢地美妙氤氲开来……

▼ 曲线玲珑的高背椅子，属于华丽的法兰西风格，但素净的细麻靠垫又流露出不可错认的比利时味道。

▼ 佛兰德斯风格的房子，阁楼是家人活动的重点区域，明亮的窗子和轻柔的白色中和了斜屋顶的压迫感。

◢ 温馨的主人卧房，原木色系充满温馨。

Netherlands
荷兰

▼ 联排的水边住宅，狭长的外立面，造型各异的长窗让建筑充满人文气息。

　　荷兰，位于欧洲的西北部，西面和北面濒临北海，东部与德国接壤，南方则是比利时。荷兰是个小国，国土面积仅有4万多平方千米，大约是德国的九分之一，但因为地处欧洲西北要冲，西欧的三大河流：莱茵河、马斯河以及斯海尔德河均在荷兰境内入海，素来有"欧洲门户"的美誉。

　　在公元纪年之前，在尼德兰地区的居住者是古老的凯尔特人和日尔曼族，后来成为罗马帝国的一部分。中世纪时期，尼德兰地区是各自为政的封建领地。1516年，查理一世以西班牙国王的身份领有尼德兰，使之成为西班牙的属地，受哈布斯堡王朝的统治。1581年尼德兰率先爆发资本主义革命，宣布废除西班牙国王的统治，成立"尼德兰联省共和国"，随即步入其历史上最为辉煌的"黄金时代"。荷兰人以匪夷所思的天才建立了"荷兰东印度公司"这一近现代最重要的经济组织，从中国台湾到印尼雅加达，从非洲好望角到大洋州的新西兰，从南美巴西到北美的新阿姆斯特丹（今纽约），他们以15000个遍布全球的分支机构和10000多条游弋在五大洋上的商船垄断了当时全世界总贸易额的一般份额，博得"海上马车夫"的霸名。

　　1688年，荷兰最高执政官威廉三世应"保卫英国国民的宗教自由和财产"之邀前往英国，并于次年被英国国会加冕为英国国王，世界舞台的中心由此转移，荷兰的国力逐渐衰落，1795年沦为法国的属国，1815年摆脱法国统治成立荷兰王国，1830年南部地区宣布脱离，独立为比利时王国，到1848年终于稳定，成为延续至今的君主立宪的荷兰王国。

▼ 露木结构的乡间别墅，浓密的攀援植物给建筑平添了许多历史感。
◥ 斑驳的石材贴面令房屋显出厚重尊贵的质感。
◢ 明媚阳光下灿烂的双折线红瓦屋顶是荷兰老城的标志。

▶ 宗教建筑是精致的装饰技巧最佳的表现舞台。

宁静的城堡满含岁月的沧桑，古老的红砖和四角的圆形雕楼流露出过往的威严。

变化多端的尖顶和老虎窗非常美丽。

荷兰的国名尼德兰（Netherland），在荷兰语中意为"低洼之地"。非常形象的概括了荷兰的整体地貌：其国土面积的一半海拔高度低于 1 米，大约四分之一的土地低于海平面，境内最高点海拔仅 321 米，是位于东南角的法尔赛山，最低点是鹿特丹港，低于海平面约 6 米多。因为土地极端匮乏，从十三世纪以来，为了避免在海水涨潮时遭遇"灭顶之灾"，荷兰人筑堤坝拦海水，再用风动水车抽干围堰内的水，围海造田，几百年来修筑的拦海堤坝已经长达 1800 千米，如今荷兰国土的百分之二十都是人工填海造出来的。

虽然来之不易，但荷兰人却依靠"坚持不懈"的民族性格，硬是将自己的国土打理的光彩动人。他们常说：上帝创造了世界，而荷兰人创造了荷兰。荷兰境内地势平坦，莱茵河、马斯河和斯凯尔特河三角洲平原上阡陌纵横，水网密布，随处可见精致的堤坝和圩田，波光潋滟的河水簇拥着鲜花如织的田野，远处间或有舒缓的山丘森林，碧绿的草地上总有牛羊在悠闲的漫步，温和的海洋性气候让荷兰全境冬暖夏凉，景色四季如画，全年不断的西南风吹面不寒，中人欲醉，星星点点的大风车欢快的转着，仿佛欢迎堂吉诃德骑士的到来，而点缀其中的，更有一座座宛如童话世界的小房子，成为整片风景中最最点睛的那一笔。

可以代表荷兰风格的元素很多，每个人都能找到自己的兴趣：伦勃朗明暗变幻的光影，凡高金黄灿烂的向日葵，蒙德里安睿智简洁的抽象几何图案，暮春原野上一望无际的郁金香，初秋天高云淡下宁静悠闲的麦田和风车，蜿蜒流淌的古老运河，美丽淳朴的手工木鞋……随意撷取一二，都是说不完的话题。荷兰人是出了名的会盖房子，也是出了名的会画画，两项长处叠加，便当仁不让地成就了荷兰建筑"造型（Neo-plasticism）"和"印象（Impressionism）"兼而有之的独特风格，如同一度领风气之先的荷兰"风格派运动（De Stijl）"，直到今天仍然独树一帜，被世人视

以弧线为重点的室内设计，宽大的空间显得非常流畅而有节奏感。

破旧的木桌在精致的房间中突显独特的品位和气质。

墙面上规格不尽相同的相框装饰相映成趣。

▼ 开放的空间用柱子开分割不同的功能区域。

▶ 盥洗间被设计的如同起居室一样休闲，镜子和灯光极具亲和力，落地窗让光线更加明亮。

为灵感之源。

早在上个世纪初年，朱自清先生就对荷兰建筑有过孩童般趣致的描述：老房子是——"红的黄的颜色，在那灰灰的背景上，越显得鲜明照眼，那尖屋顶原是三角形的底子，但左右两边近底处各折了一折，便多出两个角来；机伶里透着老实，像个小胖子，又像个小老头儿"，而新房子则是——"仿佛满支在玻璃上，老教人疑心要倒塌似的。可是我只觉得一条条连接不断的横线都有大气力，足以支撑这座大屋子而有余，而且一眼看下去，痛快极了"。聊聊几语，道尽了荷兰风格的奇妙之美。

荷兰传统建筑正如朱自清所言，特别钟情于鲜艳活泼的外墙装饰，就像凡高笔下夺目的向日葵，天赋的色彩敏感度让荷兰人选择最淳朴的红、黄、绿等阳光色传递出对大自然和生活的热爱，同时与蓝天、白云、碧海和花田相映生辉，形成和谐的美感。由于土地资源的限制，荷兰人的建筑惯用木桩地基，材质多采用黏土烧制的砖、森林木材、芦苇和铁皮等，使得建筑物充满朴实秀丽的独特风味。流行于海滨乡村的民居以有"荷兰威尼斯"的羊角村为典型，一律有芦苇编制而成的屋顶，冬暖夏凉防雨耐晒，非常舒适，绿色的小屋倒映在平静的水面上，十足是个世外桃源了。而在城市民居中，联排的住宅以其美丽的山墙而闻名于世，双折线的屋顶，高达数层的狭窄立面，就像荷兰人的身材一样，楼梯只可容一人通过，沿街面的侧墙上开有各种风格的老虎窗作为装饰，每家每户均不相同，线条仿佛孩子随意画出的歪歪斜斜，有种纯手工的艺术感，分外好看。

现代建筑则更是荷兰人最可引以为傲的成就所在。与生俱来的活力以及常年与海洋争夺居住空间的生存历史，使荷兰人在社会和文化的层面上，对建筑艺术怀有独特感情和创造力。从 18 世纪的阿姆斯特丹学派的孕育到 20 世纪初的风格派的横空出世，再到上个世纪 60、70 年代结构主义的主义和 80 年代前后解构主义的洗礼，荷兰的现代建筑风格走过了一条堪称辉煌的发展道路。理性务实的荷兰人在蒙德里安、里特维德等大师的带领下将人类共通的精神性需求借助建筑艺术完成了充分的表达，他们以简单抽象的几何形平面、直线和三原色（红、黄、蓝）、无彩色（黑、白、灰）建立起基本的结构和次序，并从中演绎出随意多端的变化组合，在技术和审美上将建筑艺术推向了全新的境界。里特维德的施罗德住宅，自建成以来就一直被视为最具有现代风格的建筑样本，大面积的玻璃材质，明朗轻快的颜色和立体构成，大量家具化的"功能性机关"，如可折叠的玻璃分隔、送牛奶的小窗户等，至今仍然是不可突破的先锋概念。此外，乌德勒支大学两块卷合互锁的巨型混凝

浓烈的现代人物装饰画继承了野兽派的色彩传统。

椅子的设计也可以变幻多端。

厚重的木桌，独特的桌腿是设计的重点。

别出心裁的格局让门框产生画框的效果，盥洗间因此充满奇妙的艺术感。

▼ 廓形和瓷砖内
饰显示出主人独树
一帜的品位。

▶ 室内满是来自
中东的色彩。

土板形成了屋面和楼板，曼南特大楼质感如动物表皮的外墙，鹿特丹 Blaak 地铁站旁边犹如魔方般的预制吊装等，都是当今世界最有代表性的现代建筑典范，而它们都集中在荷兰，或许是因为只有荷兰人才足够的容纳度去接受这些目前看来还十分怪异的建筑吧。

最古老和最前卫的，在荷兰都不足为奇，在别处显得冰冷理性的现代主义在这个国度因着房前午后的向日葵就会立刻热烈温暖起来，这是"尼德兰"专属的魔法棒，只需轻轻一点，那样美妙的星空、水波、麦田、花朵就都活灵活现起来，组成每个人印象里的荷兰。

Baltic Sea
波罗的海沿岸

▼ 被鲜花包围的住宅，满是春天的味道。

▶ 典型的爱沙尼亚农舍，一字排开的布局，入口直通厨房，起居和卧室布局分离。

对于波罗的海的记忆总是从海盗、英雄、波涛、云彩开始的。有多少电影和文学传说以这里为场景：突变的乌云，漫长的夏日，池塘边的木屋……波罗的海的故事就这样通过对独特地理环境和人文背景的描述，在广袤的空间、记忆的纬度和近水远山中展开。

波罗的海位于斯堪的纳维亚半岛和欧洲大陆之间，是半岛各国与大陆间重要的航海通道。42.2万平方千米的浩淼水域被丹麦、德国、芬兰、俄罗斯、波兰、爱沙尼亚、拉脱维亚、立陶宛、瑞典环绕着。波罗的海人利用大自然恩赐的一切材料——石头、黏土、木头和植物纤维来建筑自己的住宅。他们对自然的热爱贯穿在修建的整个过程中，波罗的海人偏爱天然的材料、图案形式、颜色，以及强调表现自然美的艺术风格，这些普通的民宅对整个北欧的建筑装饰都产生了影响。为了从开阔的天空中最大限度地获得阳光，他们把家建在山坡上，并使用了超宽的窗户来吸纳更多的阳光。房屋线条简练，布局大方，房前都有空地，石砌的庭院被各种鲜花和树木装点得格外美丽，这是野餐的好地方。在靠近水源的地方还建有桑拿室，如果没有桑拿室，波罗的海人的住宅就不算完备，人们在洗浴完毕后，可以就近在海水或湖水中清醒自己。

波罗的海人用大自然的颜色粉刷他们的家——绿色、棕色、白色或大自然调色板上的其他颜色，色彩组合是从

▼ 原来的度假地现在变成了一个餐厅。

▼ 松木的墙板，明亮的粉刷，充满着北欧地域的特色。

▶ 丹麦盛产小麦和燕麦，也出产高岭土，这种材料是制作陶瓷的原料，被广泛运用在房屋的屋面等部位。

◀ 芬兰赫尔辛基北部的传统木结构建筑，它的窗户与众不同。

▶ 砖饰和山花形成美丽的纹理。

这间厨房的橱柜是特色，使得餐具的放置杂乱无章最小化。室内原木的长椅则来自法国西南部。

突出白色和灰色的瑞典古斯塔夫斯风格的家具。

自然的色度变化中领悟的。对大自然的热爱和崇拜与自身的节俭，以及对简单化的喜爱结合起来，产生了家庭装饰的折中主义。为了留住难以捉摸的太阳的光辉，他们甚至不惜用灰石和铁锈调制而成的黄色来粉刷他们的房屋。在这里，有很多房间是深红色的，这样的颜色在雪地中醒目，还能很好地保护木结构。

在这个树木茂盛的地方，人们最大限度地利用着自然资源。很多房间的墙壁、地板、天花都是木头做的，木地板是不上油漆的原木或是清漆的装饰面，强调木头本身的自然纹理，淡色的粉刷是为获得最大限度的反光。墙面上挂着多彩的油画，有时候不经意的搭配也有意想不到的效果。在很多18世纪的老宅中，在墙壁上用油漆模仿其他材料的做法也很普遍，其中广为流传的方式是仿制窗帘的设计图案，这样使得费用降低不少。当然，壁纸也是常用的，那种把单幅的长风景连续贴满房间四周的墙壁很流行。图案的主题大部分是植物，这些做法的起源来自教堂。如今室内流行的趋势是不加装饰的亮色调，明亮的墙壁和不加窗帘的窗户把宝贵的阳光纳入室内，使得这种色调显得调和而不失简约。

对于波罗的海人来说，室内家具是简洁的，一年四季，不同的季节，更换不同的装饰就可以获得不同的效果。卧室中的羽绒被、枕头、窗帘，在夏季和冬季是不同的，在其他房间，小地毯、窗帘和挂毯也随着季节不同而更换，虽然感觉相似，但同一房间中很少有同一图案的两件纺织品。波罗的海人喜欢混合搭配风格，他们的哲学基础是只要美的东西，不管是什么风格，都可以混合在一起使用。

波罗的海人不断从世界其他地方寻找灵感，但也凭借

▼ 这间房间的陈设与兵器有关，尽管屋面显得破旧，但室内依旧有一种富贵的威严，北欧人对自然材料的重视贯穿到各种空间。

▲ 这是一个令人舒服的厨房，一切的布置井井有条，器具的摆放更有构图意味。

铁艺的灯具是典型的北欧风格。

蓝色是空间的主调，并与室内部分的黄色调相呼应，非常和谐。

房间以大块的陶砖铺地，而墙是冷色系的，室内的家具都有些年头，室外阳光很强，和室内气氛形成对比。

粗糙的粉刷，开口的壁炉，显示出乡村的自然安详。

瑞典哥特兰岛的房子里包含了许多北欧海盗的传奇故事。

自己的感觉和本土的材料，对其加以改进。他们以比其他民族更加坚定的毅力，结合自己的传统，把精湛的工艺外观和大批量生产结合在一起，他们相信日常生活中也有着美。波罗的海人能在历史上所有时期的家具中找到一种平衡感。家具传统上是嵌入墙壁或靠墙安放的，在历史上，法国和英国对波罗的海沿岸建筑和家具的影响都反映到了这里的室内装修风格上，并往往成为富裕人家家境的象征：帝国风格的沙发和英式的茶几相配，水晶吊灯和华丽的烛台，东方的地毯，这样的结合有着不寻常的魅力。同时，极简抽象的风格在当今的波罗的海非常流行，这是北欧传统的继承，这样的布置既使得空间简洁干净，又允许每一件家具散发出本身的美感，而不依靠室内其他物品来补充。

▼ 乡村的厨房是
自由搭配的，墙面
淡绿的粉刷，盥洗
槽确实现代而简约
的，与墙面和餐桌
形成鲜明的对比。
更有趣的是在盥洗
台下面，用白红相
间的棉布打褶作为
裙边，在肌理和色
彩上形成对比，煞
是好看。

▲ 壁炉由砖砌筑，
白色粉刷，与墙面
木墙裙和壁纸结
合，有一种别样的
感觉。

传统乡土的材料和简约主义的结合，形成北欧最独特的装
饰魅力。

　　手工艺和家庭的图案在波罗的海沿岸一代又一代地流
传下来：挂毯、木雕、骨雕都是最富特色的工艺品。男性
制作菜板、箱子、木头碗、厨房等其他设备，还雕刻动物
等装饰品，而姑娘们则要为将来准备嫁妆：细亚麻布和挂毯。
在婚礼上，所有的挂毯都要拿出来展览，挂在墙上，铺在
桌椅上。这些在日常生活中建立起来的实用美对抗着当今
的功能主义。

Germany
德国

位于小镇的教
堂，非常日耳曼风
情。
幽静的街道和
低矮的房子，更衬
出小村的闲适和安
静。

　　德国位于欧洲大陆中央的心腹之地，周围有九个邻国：往东有波兰、捷克，南面是奥地利和瑞士，西边顺序与荷兰、比利时、卢森堡和法国接壤，往北则是丹麦，同时濒临北海和波罗的海。德国地形多样风景秀丽，四季分明气候凉爽。北部低地环礁陡峭，海湾狭长；中部山林茂密，河流纵横，层峦叠嶂；南部阿尔卑斯山脉更是湖泊星布，雪峰仁立，水光山色，静谧宜人。作为东西欧之间，以及斯堪的纳维亚半岛与地中海之间的交通枢纽，德国从古至今一直是名副其实的"欧洲走廊"，而德国的历史变迁，也大都因这特殊的地理位置而起。

　　德国建筑前期以吸收融合为主，将欧洲各个时期的主流风格纳入日耳曼人简洁大气的审美趣味中；后期以理性思维提出具有划时代意义的现代包豪斯设计概念，引领了20世纪后全新的建筑法则。两者之间以第一次世界大战为界，泾渭分明，共同组成了德国建筑装饰艺术独树一帜的风格样式。

在德国的古典时代，教堂、宫殿和城堡是最具成就的建筑。公元13世纪之前，罗马风格对德国建筑的影响最大，其间流行的罗曼式（Romanic），外观轮廓分明，坚实厚重，大量地采用了古罗马式的券拱结构，但牢固的砖石墙，窄小的窗口，桶形的拱顶以及高大的塔楼又分明展现出日耳

▼ 乡村的景致令人向往。
▲ 这里有阳光和蓝天，还有德国式的休闲和浪漫。

▶ 通往城堡的小路，幽静而神秘。

088

▼ 很明显，室内的一切家具和陈设都是德国式精心、认真的效果，在统一的简洁形式下显得错落有致，充满了层次感。

▼ 即便是阁楼，在德国人的设计下，其布局也颇具气势，敞亮的空间内，来一场快乐的聚会吧。

▶ 非同一般的层高加上满墙的书架，整个空间气势恢弘。

曼人质朴的尚武精神，与华丽耀眼的罗马人迥然不同。沃尔姆斯大教堂（Dom Worms）和施佩耶尔（Speyer）的纪念教堂是其中最典型的代表。

从 13 到 16 世纪，德国进入哥特风格（Gothic）为代表的中世纪。哥特风格起源其实在法国，巴黎圣丹尼修道院（Cathédrale Saint-Denis）的院长苏格（Suger）提出"光、高、数"的宗教建筑理想，建筑师据此创造出垂直高耸的尖塔廓形，门窗均加大并向上突出，尖券和飞扶壁被大量地使用，造成强烈的上升动感，仿佛火焰直冲天际。此外，优美瑰丽的彩色玻璃画、三维立体的圆雕和高浮雕作为哥特风格不可分割的组成部分，营造出似真似幻的天堂美景，令人不由自主地屈膝膜拜，宗教建筑在形与意的结合上突破了罗马风格沉稳保守的定势，进入全新的时代。

因为哥特风格以完全与古罗马建筑法式相悖的形象出现，所以当时的人们用略带贬义的哥特（罗马人对日耳曼族部落的称呼）一词为之命名，寓意"野蛮和粗野"，以区别之前的古典时代，以及后来的文艺复兴时代所代表的"欧洲正统文明"。哥特风格的名字与德国的渊源始于误解的偶然，但也难说是德国人擅长的理性突破所带来的必然。或许正因如此，德国才拥有目前世界上最完美的哥特教堂——始建于 1248 年的科隆大教堂。该教堂耗时近 600 年方才完成，正面有高达 160 米的两座尖塔，如宝剑直插云霄，控制着建筑构图的中心，无数的小尖塔簇拥其后，整座建筑物由黑色的磨光石块砌成，细部雕琢着富于流动感的透空花纹，教堂内部等高的多柱中厅和侧厅，不用飞扶壁，完全依靠侧厅外墙瘦高的长窗采光，展现出德国哥特风格独特的形制特点。

16 世纪以后，文艺复兴式、巴洛克、洛可可、新古典主义等各种艺术风格都在德国建筑史上留下了自己的痕迹。讲究比例和条理性、对称构图的文艺复兴式非常适合德国人沉稳的审美趣味，因此在音乐厅、市政厅、富人宅邸等世俗建筑中很受欢迎。教堂和宫殿则更多倾向于华丽堂皇的巴洛克风格，德国建筑师手中的巴洛克建筑外观简洁雅致，造型柔和平坦少见装饰，内部则极尽奢华精致，以此形成强烈的视觉对比，班贝格（Bamberg）郊区的十四圣徒朝圣教堂和罗赫尔（Rocher）的修道院教堂是其中的翘楚之作，勃兰登堡门典型的仿希腊柱式则完美地诠释了德意志人对于古典主义的理解。

与宗教建筑和宫廷建筑不同，德国古典民居却在相当长的时间展现出不受外来影响的统一风格，延续至今。德国民居被称为半木结构（Fachwerk-Bau），因为有着与英国都铎风格相近的露木（骨）装饰手法，又被人们称为"绷

▼ 将建筑元素的拱门运用到室内来，令空间更具层次和趣味，纯白的空间中，多种风格的饰品让居室表情丰富。

▲ 纯白的空间中，蓝色的坐椅成为视觉的平衡，在令整体空间富有张力的同时也保持了室内的纯净气质。

▼ 石灰华大理石
制成的台盆如艺术
品般站立在玄武岩
台面上，拥有一股
独特的气质。

▶ 餐厅的设计遵
循自然的主题，让
人置身其间，放松
又惬意。

带"风格。其形体较为自由，底层通常采用砖石奠基，楼层使用木质构架，墙面用草泥或砖镶嵌，木架外露作为装饰。屋顶为陡峭的双面坡顶，开老虎窗，上面戴着高高的尖顶和花饰。临街的房子下层为商号或作坊，上层为住宅，常以山墙为正面，挑出轻巧的木窗、阳台或壁龛，顺序排列，形成锯齿样的街景，极具特色，是德国小城的典型风貌。

进入 20 世纪，在德国的魏玛，包豪斯风格出现了。包豪斯是德语 Bauhaus 的译音，由德语 Hausbau（房屋建筑）一词倒置而成，代表了现代工业设计的全新理念。建筑设计大师格罗皮乌斯（Walter Gropius）踏着一战的废墟带领德国走上了现代建筑的巅峰：针对生活功能、大工业生产和经济效益的共同要求，包豪斯以规则的，可复制的直线、曲线、正方、长方、球形、圆锥、圆柱等简单几何图形组

◤ 客厅对称布局，以壁炉为中心，向两边展开，整个空间充满了营造后的戏剧性。

合出变化丰富的建筑形式。按照功能的需要，以灵活的平面布局，多轴线、多方向地构造错落有致的建筑外观。以材料本身的质地和色彩体现建筑物的美感和力度，以技术性的创新改变建筑的结构方式，创造出全新的视觉感受。不对称的布局，简洁整齐的外立面，没有挑檐的平屋顶，大面积的玻璃窗和幕墙，完全不用装饰线脚，利用规范的几何次序，以及楼梯、灯具和五金构件本身的形状和色彩取得装饰效果。不模仿任何古典范式，力求使每一个线条都融入功能的整体，形成自然的、容易批量生产，但仍然富于个性的建筑风格。包豪斯风格一经诞生，就远远超出了建筑设计的范畴，迅速影响了人类生活的各个层面，成为现代化和国际化的标志，同时，也再一次证明了德国人理性思维和实用哲学的强大力量。

◢ 坐椅和沙发的造型很特别，其面料都由丝绸和天鹅绒拼合而成，加上古老的波斯地毯，一丝不苟的布局正式德国的标贴。

Poland
波兰

▼ 波兹南老城。
▼ 克 拉 科 夫
（Cracow）大教
堂中的西吉斯蒙德
（Sigismund）礼
拜堂，文艺复兴风
格，建于 1517—
1533 年。
▶ 波兹南老城区
古建筑林立，一派
中世纪风貌。
◢ 位 于 华 沙 的
波兰国王扬·索
别 斯 基（Jan Ⅲ
Sobieski）的 夏
宫 维 拉 诺 夫 宫
（Wilanow），建
于 1679 年。

波兰在斯拉夫语中是"平原"的意思，它的的确确是一片令人心醉的田园：从四月早春天气里星星点点的新绿，第一批的花蕾和叶芽伴随着温暖明媚的阳光和微凉清香的月光，由初绽到盛放，从浓绿到金黄，再转为飘扬凋落的赭红，进入著名的"波兰金色的秋天"。今天的波兰位于欧洲大陆的中部，东部和东北部与立陶宛、白俄罗斯、乌克兰接壤，北临波罗的海，与瑞典和丹麦隔海相望，西部与德国为邻，南部则是捷克和斯洛伐克。而在历史上，波兰的疆界却是经历过多次反复的变更。根据考古学证明，早在 50 万年前的旧石器时代，波兰东北部的维斯瓦河谷已经有原始人类定居。公元前 1300 年，古斯拉夫人建立起乌日茨文化，到公元前400年左右，古斯拉夫人分为东西两支，其中西斯拉夫人定居在奥德河、维斯瓦河和易北河流域，他们就是波兰人的祖先，而历史学家有时也把波兰人的祖先称为莱赫人。

在度过漫长的原始游牧和农耕时代后，公元966年，以格涅兹尼为中心的皮亚斯特王朝大公梅什科一世（Mieszko I）建立了波兰公国。梅什科一世迎娶了捷克公主，并接受了基督教。到其子博莱斯瓦夫一世（Boleslaw I）时期，波兰已经成为统一而强大的国家。在随后的数百年里，波兰分分合合，起伏跌宕，历经兴衰。1569年，波兰和立陶宛联合成立波兰共和国，统治疆域辽阔，达31万平方公里，包括波兰、立陶宛、乌克兰、白俄罗斯、捷克等诸多民族。至18世纪波兰国力衰竭，先是1772年，俄国、普鲁士和奥地利对波兰进行了第一次瓜分，随后1791年，俄、普两国对波兰进行了第二次瓜分，1794年，波兰人的起义被镇压，

▼ 马尔堡（Malbork）的条顿骑士团城堡。马尔堡城堡在13世纪由条顿骑士团建立，是目前世界最大的哥特式城堡。

▲ 建筑的几何造型很有创意。

▶ 格但斯克港口边的民居建筑。

098

▼ 照片墙的运用来自主人对生活记忆。

▶ 华丽的吊灯是餐厅中的装饰亮点，与简单的陈设和低调用材产生强烈对比。

俄、普、奥对波兰进行了第三次瓜分。经此浩劫，波兰几乎被强大的邻国蚕食殆尽，濒于灭亡，直到第一次世界大战结束后才得以复国，但随后又在德国和苏联的夹缝中遭遇第二次世界大战，再度失去自主。二战后波兰重新建国，一步步走到今天。

作为一个有着千年历史和华美山川的国度，波兰处处都是茂密翠绿的原始森林，宁静优美的大小湖泊。青翠如织的马佐夫草原，白雪如盖的威尔基斯布罗维滑雪场，风光秀丽的波罗的海海滨胜地和俯仰皆是的石器时代遗址，五彩斑斓的琥珀山谷，威严质朴的贵族城堡，古色古香的农庄，端庄肃穆的哥特大教堂、巴洛克王宫和文艺复兴式广场，共同交织出一幅引人入胜的美妙画卷，人文景观和自然风光相映生辉，令人很难不流连忘返。而其中值得一顾再顾的，则应该是华沙和克拉科夫。这两座中古世纪就已经建城的古都，拥有波兰人最引以为豪的记忆和容颜。

克拉科夫位于波兰南部的维斯瓦河畔，从公元 10 世纪开始，成为波兰公国的首都，被波兰人称为"永恒之城"，是历代国王的加冕之地。可能是因为受到上帝的庇佑，克拉科夫奇迹般地没有被二次毁灭欧洲的大战破坏，如今的克拉科夫几乎和 14 世纪的全盛时期完全一样。旧城中央广场有鹅卵石的窄街，传统的粉色房子整齐排列，市政厅、博物馆、教堂林立。文艺复兴样式的纺织会馆是广场上最著名的建筑之一，它有宏大的拱顶，以大量的古典徽章作为装饰。哥特式的圣母马利亚双塔教堂直指云霄，但两座

◤ 非常素净的木材内饰和线条朴素的家具为居室带来沉静的气质，单纯的蓝色灯具和赭石色陶罐，还有缤纷的水果成为点睛之笔。

◤ 端庄沉稳的起居空间，线条纤细流畅的吊灯成功地带来变化。

◤ 残破的墙壁，古旧的镜框和家具，满是历史的影子。

▼ 对比的用色，
让盥洗室有古典的
大气。

▶ 浴室利用了阁
楼的空间，其斜顶
恰到好处。

塔的高度却并不统一，高矮胖瘦各有千秋，是很不常见的
建筑格式，传说是出于两位相互竞争的兄弟之手。最古老
的瓦维尔城堡，建于公元 8 世纪早期公国，高高立于广场
南边的小山丘上，山下维斯杜拉河潺潺流过，千年岁月不惊。

　　而华沙，无疑是更多的沧海桑田，还有疼痛和喜悦。
公元 13 世纪建城的华沙，前身是马佐夫舍公国在维斯瓦河
上修建的城堡，1344 年成为公国首都，1596 年波兰国王齐
格蒙特三世（Zygmunt III Waza）把自己的王宫和整个政府
机构从克拉科夫搬到了华沙。1656 和 1702 年，华沙在瑞典
人的入侵中两毁两建，在二次大战中 90% 以上的建筑又被
再次摧毁，战后在 1966 年，波兰人按原样又一次重建了自
己的首都：维斯瓦河西岸的红砖城墙，哥特风格的王宫大
庭院、巴洛克风格的克拉辛斯基宫、古典主义风格的瓦津
基宫、圣十字架教堂、圣约翰教堂、俄罗斯教堂、罗马教

▼ 一直延续到室内的鹅卵石铺地，岁月的痕迹扑面而来。

▼ 粉色中和了石材和粗犷木门的硬度，让空间显出了几分温柔气息。

◤ 地毯的图案非常有现代装饰感。

◤ 简单的卧室以装饰线条和质感上佳的寝具为主题。

◣ 温暖的起居室，壁炉营造出家庭的气氛，柔和的布艺沙发和靠垫，花朵图案的花瓶都有着明显的女性气质。

堂……堆砌出形式错落、重重叠叠的红色尖顶和箭楼，广场上高耸的花岗岩圆柱上齐格蒙特三世的青铜雕像为当年的辉煌做了最好注脚。繁华轮回，记忆却清晰，波兰风格正如清丽明快的玛祖卡旋律，一点一点轻易就流淌进了人们的心里，绵延出甜蜜而忧伤的味道，仿佛随时随地可以闻声起舞，从不褪色，从不模糊。

家里的那些玫瑰花还在热情地盛开吗？那些树还在月光下唱得那么美吗？海涅说："当肖邦在钢琴前坐下的时候，我觉得仿佛是一个从我出生地来的同乡正在告诉我当我不在的时候曾经发生的最奇怪的事情。我就很想这样问他"。其实不止一个人想这么问，因为是肖邦让世界认识了波兰，用他包含心灵热度的音符，描绘出这个美丽的国度。

Lithuania

立陶宛

维尔纽斯冬季格底敏大街（Gediminas Avenue）街景。

维尔纽斯的圣安娜教堂和西多会修道院的伯纳丁教堂，分别建于15世纪末和16世纪，是哥特风格和文艺复兴风格的混合体。

立陶宛是著名的波罗的海三国之一，它位于波罗的海东岸，北与拉脱维亚接壤，东与白俄罗斯毗连，西南与俄罗斯加里宁格勒州和波兰相邻，西濒波罗的海。国境线总长 1846 千米，其中陆上边界 1747 千米，海岸线长 99 千米。地势平坦，东部和西部丘陵起伏，平均海拔 200 米左右，为灰化土壤。境内河流纵横交错，湖泊星罗棋布，全境共有大小湖泊 3500 余个，其面积约占立陶宛领土总面积的 1.5%，被诗人喻为"立陶宛的眼睛"。

立陶宛人纪元前就来到这片土地上定居了，1009 年在《奎德林堡编年史》上首次提到了立陶宛的名字，1240 年统一的立陶宛大公国成立，1385 年后立陶宛与波兰三次联

合，1387 年接受天主教为国教。维陶塔斯大公执政期间
（1392—1430 年）是立陶宛的鼎盛时期。1795 年后逐步被
沙俄吞并。第一次世界大战期间被德国占领。1918 年 2 月
16 日，立陶宛宣布独立和国家重建，建立了资产阶级共和国。
1939 年 8 月，苏联和德国签订秘密条约，立陶宛被划入苏
联势力范围，次年初被苏联占领。1941 年苏德战争开始后，
这里被德国占领。1944 年苏联军队进入，成立立陶宛苏维
埃社会主义共和国并加入苏联。1990 年 3 月 11 日，立陶宛
通过独立宣言。1991 年 9 月 6 日，苏联国务委员会承认其
独立。

　　立陶宛首都维尔纽斯位于立陶宛东南部的内里斯河和
维尔尼亚河汇合处，以旧城中世纪古色古香的建筑物及教
堂而闻名。这座拥有 800 多年历史的秀丽城市宛似一座半
圆形剧场，倚靠山冈层层而建，城市四周微坡起伏，河流
蜿蜒。城市中心为一小丘，丘上屹立着格基名纳斯红色八

▼ 十字架山
（Kalnas）是立陶
宛北部城市希奥利
艾以北 12 千米处
的一个朝圣地，目
前十字架的数量据
估计约有 5 万多
个。其确切的起源
无人知晓，不过据
认为第一批十字架
是 1831 年 11 月
立陶宛人反俄起义
后，放置在从前的
一个军事掩体处。
▲ 首都维尔纽斯
郊区以景色优美著
称。

▶ 特 拉 凯 城 堡
（Trakai Castle）
位于加尔瓦湖心岛
上，是古代众多城
堡中仅存的一个，
也是立陶宛最著名
的风景点。城堡由
粉红色的砖石砌
成，远观非常美丽。
城堡面积不大，但
城墙十分坚厚，城
堡四周有瞭望台，
墙内有护城河，由
小桥通往内城。14
至 16 世纪，立陶
宛大公国大公曾在
此居住。

维尔纽斯在历史上曾因各种政治及军事原因而属于不同的国家。这些图片从空中多角度展示了维尔纽斯的美丽景色。

维尔纽斯以景色优美著称。

俯瞰维尔纽斯。

角形古堡，堡上有 3 层楼高的古塔，站在古塔上可欣赏到整座城市的美景。市内有 100 多座不同时代、不同风格的古建筑，夹杂在重重叠叠二三层的雅致楼房之中，其中尤以圣安娜教堂为代表。圣安娜教堂坐落于维尔尼亚河畔，布局匀称，色调和谐，被誉为哥特建筑艺苑中的明珠。它建于 16 世纪，高 22 米，宽 10 米，正面由 33 种不同截面的瓷砖铺砌，结构复杂。顶端有主塔，凌空高举，若干小塔簇拥捧护，似众星拱月，其线条奇特美观，犹如云彩悬挂；其造型玲珑剔透，雕刻精致细腻。1812 年拿破仑远征莫斯科途经这里时，对它欣赏有加，情不自禁地说："如果我是个巨人，我就要用双手把圣安娜教堂带回巴黎，把它和巴黎圣母院摆放在一起。"随着城市的发展，人们环绕着旧城建造了许多新的街道和建筑，用白砖建造的斯塔卡列尼斯、日尔姆纳斯、卡罗里尼什凯斯和拉兹季拿伊等新区，宛如海涛浪花，紧紧簇拥着旧城古老的辉煌。

考纳斯，作为立陶宛第二大城市，有着另一种田园般的安宁。这里的传统民居多是两层楼老房，尽管房子很老，但每家住户的窗口都点缀着盛开的鲜花和洁白的绣花窗帘。这里的宗教建筑也没有慑人的规模，街道不宽也不长，小巧、紧凑而宁静。日暮时分，老街上不仅行人寥寥，店铺也多已打烊。一直认为一天中最美的时刻就在日落时分，无论在荒原郊野还是都市乡村，都是如此，虽然忙碌的我们已很难遇上这样的美景，然而在考纳斯却不同，这里的宁静尤在黄昏时分格外美丽，披着淡淡暮色的古城宁静如画，恍如隔世。

　　或许是波罗的海赋予了立陶宛人宽阔的胸襟，他们极少流露对生活的眷恋或抱怨，自始至终用善待一切的平常心从容、安静地过着日子。这种心境自然影响着立陶宛人所追求的建筑风格，对自然的热爱是其贯穿整个修建过程的首要条件。他们偏爱天然的材料、图案形式和颜色，以及强调表现自然美的艺术风格，擅长利用一切大自然恩赐

▼ 复古油画以及原木地板组合出乡村特有的风韵。

▶ 绿色的墙面显示了主人对自然的热爱。

114

蔚蓝色的小木圆桌以及手绣靠垫，在色调上与窗框相呼应，超宽的窗户则用来最大限度地吸纳阳光。暖暖的阳光，温热的咖啡，一切都如此美好。

阳光透过窗户静静地洒在手工地毯上，浅色调的背景给人以纯洁素雅的空旷感。

的材料——石头、黏土、木头和植物纤维来建筑自己的住宅。他们用大自然的颜色粉刷着自己的家——绿色、棕色、白色或大自然调色板上的其他颜色，色彩组合是从自然的色度变化中领悟的。对大自然的热爱和崇拜与自身的节俭，以及对简单化的喜爱结合起来，产生了家庭装饰的折衷主义。

　　在这个树木茂盛的地方，很多房间的墙壁、地板、天花都是用木头做的，木地板是不上油漆的原木或是清漆的装饰面，强调木头本身的自然纹理，淡色的粉刷是为获得最大限度的反光。在很多 18 世纪的老宅中，墙壁上用油漆模仿其他材料的做法也很普遍，其中广为流传的方式是仿制窗帘的设计图案，这样使得费用降低。当然，壁纸也是常用的，那种把单幅的长风景连续贴满房间四周的墙壁很流行。图案的主题大部分是植物，这些做法的起源来自教堂。

　　漫长的冬季是立陶宛人最需要适应的季节，在冬季，家是逃避寒冷的避难所。为了常伴有不能或缺的光和热，人们广泛使用蜡烛和壁炉，闪烁的火光发射在白色的亚麻布、墙壁上和家具上，窗口的蜡烛映红了白雪，像是在欢迎客人。富有特色的古老陶瓷火炉也散发着诱人的温暖，孩子们在祖传的沙发边玩耍，一派安详的景象。在立陶宛人的家中，值得一提的还有厨房。厨房是住宅的核心，窗帘都印着简单自然色调的花草，这些图案的结合营造出家庭的气氛。没有窗帘的窗台上摆放着厨房用具，从窗口可以看到外面的花园。窗户上半透明的窗帘，柔和的阳光令人心情舒畅。就餐区一般摆放朴素的松木桌椅，桌子上铺着细亚麻的桌布，银的、水晶的、瓷的餐具混合在一起使用。家具，尤其餐桌，在夏天通常都搬到外面使用，人们喜欢在户外消磨时光，那时与自然更贴合，心情更自在。

立陶宛人的室内家具相对比较简洁，一些小装饰，如小地毯、窗帘和挂毯，一般会随着季节不同而更换，虽然感觉相似，但同一房间中很少有同一图案的两件纺织品，因为他们喜欢混搭风格，他们的理念是只要是美的东西，不管是什么风格，都可以混在一起使用，而不必担心它们是否相配。装饰以平衡为特点，很多都不是刻意相配，颜色和质地的混杂却有意想不到的效果。新的日常生活用品买回家和古董放在一起，如果已经有家具，就把注意力放在墙体的处理和装饰品上，以增加特色。

立陶宛人不断从世界其他地方寻找灵感，历史上，法国和英国对波罗的海沿岸建筑和家具的影响不小，这也必然反映到了室内装修风格上，并往往成为富裕人家家境的象征：帝国风格的沙发和英式的茶几相配，水晶吊灯和华

▼ 门楣上的手工绘画在白色背景的映衬下显得温婉恬静。

◤ 复古的家具犹如一只美丽的孔雀在角落中悄悄绽放。

◣ 运用大理石纹路的图案来装饰客厅的大门显得与众不同。

◢ 立陶宛人喜欢用粗犷的羊毛地毯来增加居室的厚实感。

▼ 复古的花纹图示随处可见，在散发着温暖气息的屋子里勾画出浓浓的家的馨香。

▶ 因为森林茂密，立陶宛人擅长用木材装饰自己的家。

丽的烛台，东方的地毯，这样的结合有着不寻常的魅力。同时，极简抽象的风格在立陶宛也非常流行，这样的布置既使得空间简洁干净，又允许每一件家具散发出本身的美感。

立陶宛是一个饱经沧桑的古国，曾经饱尝外族统治之苦，但随着时光的积淀，更多的立陶宛人似乎不愿再提起那段伤痛，他们有着坚韧的内心与平和的心境，就如波罗的海般广阔而明净。人们对这片土地有着无穷无尽的遐想与回味……登上古老的城堡远眺，老城鳞次栉比的教堂塔楼和传统民居映衬在前苏联式公寓的隐约背景中，犹如一个古老的童话，几经沧桑流传至今。它从中古优雅地走来，将波兰、日耳曼和俄罗斯文化深植于其间，散发着迷人的别样风情。

Ukraine
乌克兰

123

首都基辅著名的基辅—彼切尔洞窟修道院，建于1015年，内有许多教堂及博物馆，其中洞窟教堂历史最为悠久。

这是利沃夫老城最高的建筑考尼克塔，文艺复兴和巴洛克风格的混合体。

文尼察州的教堂建筑，文艺复兴风格。

切尔尼戈夫州的传统建筑。

自然地理上的乌克兰，位于欧洲的东部，东方与俄罗斯接壤，北部紧邻白俄罗斯，西面邻国分别是波兰、斯洛伐克和匈牙利，南部则同罗马尼亚、摩尔多瓦相连，隔着黑海和亚速海与土耳其隔海相望。乌克兰的大部分国土面积是广袤的东欧平原，喀尔巴阡山脉和第聂伯河从北向南贯穿全境，青峦叠嶂，翠湖棋布，横卧黑海的克里米亚半岛上峭壁陡立，细沙白浪，山林葱茏，景色幽深静美，是东欧地区著名的度假胜地。乌克兰是个颇有些矛盾感的综合体：作为一个国家它是如此年轻，在1991年之前从未真正以独立的姿态立足于世界；但作为一个文化的存在，它却实在足够古老，甚至被看作是更早于俄罗斯的东俄罗斯文明源头。

　　"乌克兰"一词最早见于公元 1187 年成书的《罗斯史记》，但其历史则可以上溯到距今 50 万年前的旧石器阿雪里文化时期，外喀尔巴阡山脉地区已经发现了古人类居住的遗迹，稍后的姆斯特艾文化、奥里亚文化和玛格德林文化则前后承继，现今乌克兰的疆域上出现了早期人类克罗马努人。公元前 2000 年左右，基米里人在乌克兰草原定居，公元前 7 世纪开始，北部的斯基泰部落、萨尔玛特部落，以及从希腊半岛上迁徙而来的希腊人先后在这片土地上定居并建立起分散的城邦国家。公元前 1000 年末，第聂伯河畔的农牧部落古斯拉夫人逐渐兴起，形成具有国家雏形的部落联盟，直到公元 6 至 7 世纪，部落联盟中强大的波利安人首领基伊、谢克和霍利夫三兄弟建立了以基辅为都城的公国——基辅罗斯。

▼ 切尔诺夫策伊万弗兰克大街（Ivan Franko）上的传统建筑。
▲ 乌克兰西部东喀尔巴阡山西南麓、乌日河畔乌日哥罗德（Uzh-gorod）的普通民居。

▶ 切尔尼戈夫州科泽列茨（Koze-lets）文艺复兴风格的主教座堂。

124

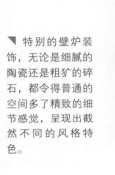
特别的壁炉装饰，无论是细腻的陶瓷还是粗犷的碎石，都令得普通的空间多了精致的细节感觉，呈现出截然不同的风格特色。

充满温馨感觉的乡间起居室，热烈的橙色和粉色主调让古旧的老家具呈现出深具传统的家族特色。

基辅罗斯公国在 12 世纪达到鼎盛，13 世纪蒙古鞑靼人入侵东欧，乌克兰大部分地区成为金帐汗国的属地，14 世纪后这里又归属立陶宛大公国和波兰的统治。虽然饱经战乱离合，乌克兰的民族却在此期间逐步成熟起来，地理和语言的属性也基本明确。1654 年，为了免受波兰人入侵，乌克兰的哥萨克首领决定向俄罗斯请求保护，至此并入俄罗斯版图，直到 1991 年独立建国。

绵延数千年的历史，在乌克兰凝固成一个个美丽的文化遗迹：独一无二的早期原始社会公社村落遗址，扎波罗热州捷尔佩尼耶尼耶村附近的岩鱼石头坟墓，西徐亚人和萨尔马特人的古坟和古城堡遗址，克里米亚半岛上古希腊移民的大型石雕。古罗斯文化的印记则在基辅和切尔尼戈夫的历史建筑古迹中得到了充分的体现。

基辅是乌克兰的首都，号称"俄罗斯诸城之母"，被公认为是世界上最美丽的城市之一，乌克兰和俄罗斯都看它为本国历史的源头，国家和民族的根。基辅绿树成荫鲜花遍地，第聂伯河穿城而过，俄罗斯时代的古老建筑静静伫立在两岸，画出优雅庄严的城市天际线。基辅最引人入胜的古迹是出自古罗马拜占庭风格的石砌宗教和世俗建筑，宏伟的金门遗址，佩切尔斯基男修道院，别列斯托夫拯救者大教堂，还有生气勃勃的克列夏季克大街……布满了众多镶嵌艺术品、壁画和吊灯的华美如歌的圣索非亚大教堂，始建于11世纪，是拜占庭东正教的经典风格，结构复杂，装饰繁丽，自建成以来就是乌克兰宗教、政治和文化的中心，上千年来基辅的居民们都在这里望弥撒、听经文，举办婚礼、做洗礼，大公们在此接见使节，签署条约，一个民族的历史就这样鲜活地留驻在用白石砌成的圆顶下，日日夜夜的

▼ 柔和的淡绿色，打造出非常女性化的居室空间。

▶ 把信仰和家庭放在一起成为生活的乐趣。

▼ 粗犷的原始风
格壁炉旁是斜倚着
通往阁楼的木梯。

▼ 随手将木桶摆
放到室内，生活就
是这么随性。
▼ 精美的瓷器为
居室增添了一些艺
术性。
▲ 复古的漆木家
具已经有些斑驳，
不经意间就带出几
分慵懒的气质。
◣ 镂空椅背的座
椅让室内的气氛流
动了起来。

累积，传承至今。而切尔尼戈夫保存的大量建于公元 12 世
纪的古建筑，则更多的是城堡和军事要塞，披戴着岁月风
霜的坚固堡垒，是当年大公远征波洛伏齐人的见证，其中
最著名的要数风景如画的杰斯纳河高地上的谢韦勒斯基城，
显示出古典主义和罗斯风格的完美结合。

　　除了古罗斯风格，在乌克兰的众多名城之中，从巴洛
克、洛可可到古典主义和俄罗斯帝国风格，各样的美丽建
筑遍布在山间水边，与秀雅的自然风光融为一体，堆积出
独特的城市风貌：黑海之滨的敖德萨市壮美的波将金石阶、
古交易所、沃罗佐夫宫；雅尔塔市充满田园风情的葡萄酒庄；
乌日哥罗德的古城切尔诺夫策，卢茨克市建于 14 世纪的柳
巴勒塔城堡；第聂伯罗彼得罗夫斯克的波将金宫殿，波尔
塔瓦为纪念击败瑞典人而建的"光荣纪念塔"，哈尔科夫
的大叶卡捷里宁斯基宫殿……每一处都是线条严整，造型

室内用水晶灯具的通透来缓解空间的厚重感。

明朗的彩色让原本粗陋的空间有了不一样的独特气质。

柔和，大量地使用花纹砖和彩色瓷砖装饰，带出明媚的乌克兰感官印象。

　　金黄的栗子花，青翠的草原，温润的细雨拂面，第聂伯河水流潺潺，小山坡上有芳香满溢的葡萄园……乌克兰，就是这样悠闲惬意的国度，仿佛粒粒明珠镶嵌在黑海之畔，光芒闪烁。

Russia
俄罗斯

▼ 明亮的色彩缓解了俄罗斯的寒冷。

◣ 美丽的纹样体现了传统俄罗斯人的审美。

◥ 精美的窗饰风格多样。

▲ 红色体现了俄罗斯人热烈的民族性格。

俄罗斯横跨欧亚，拥有欧洲东部和亚洲北部的大片土地，北邻北冰洋，东濒太平洋，西接大西洋，东西最长为9000千米，南北最宽为4000千米，有38000千米漫长曲折的海岸线，是目前地球上幅员最为辽阔的国家。俄罗斯大部分地区处于北温带，气候寒冷，原始森林苍郁葱茏，富饶广袤的平原上遍布农田，沉默的伏尔加河静静地流淌，夏季青翠如染，冬天冰雪纯白……这幅宛如上帝精心绘制的油画，令观者一见心折。

俄罗斯的建筑历史最早可以回溯到1000多年前的先民时代，居住在森林周围的人民习惯以木材搭建居所，并形成了独具风格的"木刻楞"。木刻楞以粗长圆木和各式板材建造而成，技术简单（如接榫、栓合等），造型灵活，有陡峭的斜顶对付漫长冬季的积雪，在房檐、门檐、窗檐上喜欢运用木雕和彩绘等工艺进行装饰，于粗犷中见细腻，质朴中却透出奢华，如同树林中的一道亮丽风景，是俄罗斯传统民居样式的经典风格样式。

公元 988 年，基辅罗斯公国的弗拉基米尔大公命令全体国民受洗为基督教徒后，东正教即成为俄罗斯的国教。宗教变革为俄罗斯带来了一种极易辨识的建筑风格——华美的"洋葱头"样式教堂。"洋葱头"教堂源自中世纪的拜占庭帝国，其形式典雅大方，高阔端正，主建筑结构搭配多个矗立上端的半圆形顶盖。初期的圆顶通常较大较扁，后来渐渐往上拉长拉尖，也往旁发展趋饱满，最终定型为人们熟悉的"洋葱头"。最早的洋葱顶教堂是 1037 年建于基辅的索非亚大教堂，共有 13 个圆顶，建筑整体感觉崇高圣洁，有如神迹。

▼ 尖尖的斜顶适应冰雪的气候。

▶ 绿色和白色的组合符合了当地季节分明的特点。

▼ 闪光的丝绒，
精致的蕾丝，织花
的地毯和幽暗的吊
灯组合出暧昧奢华
的韵味。

▲ 瑰丽的深红是
俄罗斯人钟爱的色
彩。

　　15 世纪之后，俄罗斯宗教建筑渐渐摆脱拜占庭的拘谨
形式，形成了自己独有的特色。首先出现的是独立塔形建
筑样式。塔型的下半部结构缩小，但维持了原先完美均衡
的比例，每个立面均三等分切割，代表圣父、圣子、圣灵
的基督教义，并采用木刻楞的堆砌添加手法，在"十字"
或"米字"轴线上组合扩充，形成盘根错节的宏大气势；
其次是在建筑外部的石材墙面上普遍使用传统木刻楞的雕
刻装饰技巧，文饰从宗教人物故事到俄罗斯民间流传的花
草、鸟、兽等传统主题图案，内容丰富，风味十足。

　　俄罗斯最著名的"洋葱头"建筑位于莫斯科的红场周围。
红场在俄语里是"美丽的广场"之意，其上矗立着庄严的
瓦西里大教堂和华美的克里姆林宫（意为城堡）。瓦西里
大教堂是 1555 年沙皇伊凡四世（1547—1584 年在位）为庆
祝攻下喀山汗国而下令修建的，共有 9 个圆顶，红砖白石，
帐幕式的塔楼挺拔耸立，相互之间以回廊连接，色彩缤纷，
缀饰繁复，气概非凡。而享有"世界第八奇景"美誉的克

里姆林宫建筑群则由高大的城墙、塔楼，以及四座建筑极美的教堂（十二使徒教堂、天使教堂、圣母升天教堂和圣弥额尔教堂）组合而成，意大利文艺复兴风格与东正教精神在此合而为一，俄罗斯建筑风格确立无疑。

在俄罗斯，传统的欧洲古典风格建筑同样占据重要的地位，尤其以被称为"北方的威尼斯"的圣彼得堡为典型。18 世纪，雄才伟略的彼得大帝（1682—1725 年在位）全力打造了这座以他自己的名字命名的城市。典雅的古典风格，豪华的巴洛克风格，纤美的洛可可风格，折衷风格，哥特风格和文艺复兴风格均可轻易在圣彼得堡找到，严整柔和的线条，高大宏伟的结构，富丽堂皇的装饰，整齐宽敞的街区和道路，让这座城市显得格外高贵恢宏。

而俄罗斯人注重华丽和堆砌的室内装饰风格，也在圣彼得堡得到了最淋漓尽致的展现。在沙皇的冬宫和夏宫里，圆柱、回廊数不胜数，喷泉、瀑布和水道随处可见，金银

▼ 绘画的艺术盘子成为室内醒目的装饰。

▼ 油画是俄罗斯人居所不可缺少的饰品。

▶ 飘逸的床幔自有独特的奢华气质。

◀ 三种鲜亮的色彩用在同一套房内，炫目之余又带来丰盛的华丽气质。

▶ 看似简单的设计，但名贵的材质是塑造俄罗斯风格的关键。

古典风格的浴室，细腻的木质搭配明亮的金属件，奢华味道呼之欲出。

墙上的装饰是沙皇专用的双头鹰盾纹，雕饰华贵的宫廷样式大床与粗糙到毫无修饰的砖墙和地板形成强烈的对比效果。

铜等贵重金属和水晶、孔雀石、大理石以及各种宝石制成的装饰品点缀各处，丰富多样的色彩流露出俄罗斯人开朗的天性，巨幅的油画、雕塑、彩绘、马赛克镶拼壁画等艺术品彰显出一贯的艺术品位，来自东方、西方的奇珍异宝则昭示着沙皇时代无以伦比的财富和权力。或许放在别的地方会有些过于繁琐和雕饰，甚至是俗气，但在俄罗斯，所有的叠加和堆砌都变得如此自在和理所当然，深厚的底蕴中和了装饰品本身的浅薄之气，并将之转化成独有的气度和品位，配合高挑华贵的空间，气派出自天成。

还有一种必须提及的俄罗斯建筑装饰风格，那就是20世纪30年代后形成的"斯大林风格"，中央的主楼高耸，两侧或四角的配楼较矮，顶部细长的金色尖柱和尖顶上的五角星是这种建筑风格的点睛之笔。外墙以白色大理石装饰，明快大方，门厅内挂枝形吊灯，富丽堂皇。与其之前在俄罗斯城市中广泛流行的欧陆各时期的建筑风格不一样，

▼ 彩绘瓷砖是俄罗斯人常用的装饰手法，它们与厨房中整齐摆放的瓷器相映生辉。

▲ 全配置的厨房，是否已闻到了著名的罗宋汤的香味？

在斯大林风格中可以找到以往各种风格的基调，又能感觉到独有的"社会主义"烙印和"英雄主义"气质，是一种完全可以与欧洲古典和现代建筑兼容和媲美的艺术风格。

　　或许确实很难用某种理性的思维去分析俄罗斯，但当品尝过地道的俄罗斯黑面包、鱼子酱和浓烈的窖藏伏特加后，冒着清冷的北风和雪花再漫步于红场或冬宫前面的广场，就一定可以感受到那份独属于俄罗斯的沉静雍容——因为它过往拥有的光荣和辉煌，也因为它至今绵绵不息的勇气和力量。

Scandinavia
斯堪的纳维亚

小小的庭院里有慵懒的阳光穿过树丛明明暗暗地洒落下来，很容易便是一个惬意的下午。

斯堪的纳维亚从地理上来说，指的是欧洲西北角斯堪的纳维亚半岛，这个世界第五大、欧洲最大的半岛，北起巴伦支海，东临波罗的海，西接挪威海和北海，南边则是卡特加特海峡和斯卡格拉克湾。整个半岛南北长约 1850 千米，东西宽在 400 至 700 千米之间，面积约 75 万平方千米，中部是绵长葱茏的斯堪的纳维亚山脉，西部沿岸遍布陡峭的悬崖峭壁、岛屿和峡湾，东南部则为舒缓的平地。斯堪的纳维亚一词来自条顿语"Skadino-via"，意思是"黑暗的地方"，直白地勾勒出因为高达 56 至 70 的纬度而带来的那些漫漫长夜。

斯堪的纳维亚这个地方有种奇特的异国情调，就像它的发音，抑扬顿挫就像美人唇边哼唱的一句短歌，让人在春风沉醉飘飘欲仙之时，却又分明感受到几分雪珠子般料峭冰川的清冷之气，葛丽泰·嘉宝的冷艳和英格丽·褒曼的端妍加起来，大约就算得上是个贴切的描述了。

地理意义上的斯堪的纳维亚国家只有两个：挪威和瑞典。挪威位于半岛西北部，地形狭长，国土的三分之二为山地，海岸线曲折破碎、峡湾嶙峋、峻岭森森、冰川纵横；瑞典则位于半岛的东南部，以斯堪的纳维亚山脉为界与挪威为邻，国土的大部分地形舒缓，从西向东由诺尔兰高原、丘陵呈阶梯式下降到海滨平原，丛林草场郁郁葱葱，湖泊沼泽星罗棋布。受大西洋暖流的影响，半岛的大部分地区属于温和的海洋性气候，冬季温润、夏季凉爽，非常宜居。

斯堪的纳维亚半岛的人文历史大约可以上溯至冰川时代，在挪威和瑞典都发现过公元前 9000—8000 年左右相当活跃的人类活动痕迹，公元前 2500 年左右，半岛进入青铜

▼ 建筑四周绿意充盈，到处都彰显着生命的活力。

◤ 宁静不波的湖面、郁郁葱葱的树林和童话般的小房子，是斯堪的纳维亚最常见的风光。

▼ 在充满鲜花和木材香气的乡村，户外午餐是不可缺少的节目。

▼ 通透的全景起居空间，落地的玻璃墙把院子里美丽的绿色和阳光毫无保留地引入室内，木材和纤维组合材质的餐椅勾勒出优美的弧线，衬着圆桌上插满野花的小陶罐，屋顶垂下的纸编灯罩，田野气息扑面而来。

▶ 从窗里闯进来的日光让墙上的照片也仿佛沐浴在朝阳里，每一个早晨都是如此清新。

器和铁器时代，也有入侵的日耳曼人不断迁入，逐渐形成一些松散型小小的聚居氏族。而有文字可考的历史可见于成书在公元 1 世纪古罗马历史学家塔西佗的《日耳曼尼亚志》，其中就有关于半岛上的部族从事狩猎和食物采集的生动记载。8 世纪前后，半岛进入了大名鼎鼎的海盗时代，斯堪的纳维亚的海上勇士们沉浸于令人兴奋的对外冒险和扩张中，挪威人喜爱征服移民，他们从袭击爱尔兰起，曾一直入侵到塞纳河流域建立了诺曼底公国，并大批定居下来，以至于后世斯堪的纳维亚得了个"人种作坊"的美名。瑞典人则对商业贸易更加感兴趣，他们让从波罗的海到地中海的商路繁忙非凡，势力还一直向欧洲东部延伸，远达黑海和里海沿岸，也有史书记录了瑞典人抵达君士坦丁堡、耶路撒冷、巴格达，以及和阿拉伯人交换皮毛和金属产品的详情。大约在 9 至 11 世纪，半岛进入动荡的王国时期，无数次的分分合合最终尘埃落定，留存为今天的挪威和瑞典两个王国。

除了高耸的冰川雪峰、青翠的森林草场和绝美的冰海白帆，以及那些热血沸腾的海盗往事，今天的斯堪的纳维亚还因为风格独具的家居设计而引人入胜。在 1900 年巴黎国际博览会上一鸣惊人的斯堪的纳维亚设计，并不像其他设计风格那样，来自艺术审美的思潮、或是宗教文化的演化，而是半岛上的自然风光、人文传统、生活方式的完美融合。无论是来自挪威或是瑞典，抑或是因为地域、政治、文化和习惯原因现在也被归在斯堪的纳维亚风格范围内的芬兰和丹麦设计，都体现出一种强烈的共性——对于木材等自然材料的喜爱，在工艺技术上的精研和传承，还有那一份信手拈来人居合一的亲和性等，都显示出跨越时间限制的纯粹之美，成为当代最广受欢迎的设计风格。

　　斯堪的纳维亚设计看似简单实用，却在形式和功能上找到了奇妙的平衡，虽然没有什么装饰细节，却能在看似已经被理性极简化了的线条中构建出光滑柔和的自然有机形，再加上对天然材料的色彩和触感的刻意保持，让作品始终充满带着呼吸和温度的生命质感，这一种将数理几何

▽ 深具代表性的落地灯和椅子。

◤ 小小的一角，被设计成私人休闲阅读空间，舒适的大转角沙发和正面的落地大窗是主人的最爱。

▶ 木材和热弯成型管材的组合是斯堪的纳维亚家具的经典。

◢ 三角形的空间结构，房梁的线条搭配分明的黑白色调和风格轻松的绘画作品，大面积的天窗引入阳光，让阁楼变身成为明亮的会客空间。

▶ 人字形大斜顶为设计带来美妙的灵感。

152

▼ 男孩子的小天地，色彩丰富却依旧英武，还有一条可爱的大狗为伴。

▼ 清新的纯白让起居空间显得通透而舒适，主人精心收集的绘画、雕塑、摆件为房间带来活泼的艺术气息，鲜花和麻质地毯则充满生活的味道，看似随意实则有序。

▶ 斯堪的纳维亚风格在一盏无人不识的落地灯里展露无余，墙上的鹿头标本和地上的毛皮地毯透露出主人小小的偏好。

形式提升为感性曲线的设计手法，开创了人体工学的设计先河。我们接触到的斯堪的纳维亚作品，边角被光顺成 S 形曲线或波浪线，常常被描述为"有机形"，其形式更富人性和生气。20 世纪 40 年代，早期功能主义所推崇的原色渐次为调和的色彩所取代，天然材料也趋向对粗糙质感的钟爱。

在斯堪的纳维亚设计中，有些设计师和设计单品是不能不提的，无论是从工艺技术感、形式美感和设计理念上来看，都具有开创性或划时代的意义。马姆斯登和马特逊作为瑞典设计师的代表人物，在 20 世纪 30 年代为斯堪的纳维亚设计奠定了基础，提出了居家环境轻巧而富于弹性的设计理念，在他们的带动下，藤条、皮革、纤维、不上色的暖色木材等材料都被大量使用在家具设计上；丹麦设计师汉宁森所设计的照明灯具后来发展成为设计史上极其成功的 PH 系列灯具，柔和层叠的光影美丽如同梦幻，现在仍是设计师最爱的配置之一；芬兰设计师阿尔瓦·阿尔托

▼ 错落摆放的藤编筐子和餐桌下整张皮毛制成的地毯成为餐厅的装饰亮点，让原本线条过于硬朗和深色调的空间变得平衡优雅。

▲ 另一个角落被规划成为私人的书房和音乐室，钢琴、书籍厚重沉稳的色调正好呼应屋顶刻意的露木一角，主人收集了不少款式各异的古董家具，搭配在一起却意外地和谐。

▼ 手工织物为房间带来了温暖慵懒的味道。

采用纤薄坚固、以热弯成型技术设计出的经典夹板扶手椅，不但在舒适和温馨感上达到巅峰，而且更兼具了自然环保的再生理念，至今仍然是众多设计师的灵感来源。

斯堪的纳维亚风格的纯白和自然，仿佛初夏清晨洒在山岗绿叶上的淡金色阳光，带着温暖的色调和宜人的温度，有种清淡却持久的魅力，最是家的味道。

Finland

芬兰

▼ 在阳光充沛的
树林里吃一顿美味
的早餐，古朴的木
头亭子是最好的选
择。

芬兰地处欧洲西北部的斯堪的纳维亚半岛，有近四分之一的国土在北极圈内。气候特征分明、风光秀丽的芬兰是欧洲森林覆盖率最大的国家，并拥有星罗棋布的湖泊，有"千湖之国"的美誉。芬兰是圣诞老人的故乡，最早来芬兰定居的居民是北方的游牧土著萨米人（Sami，又称拉普兰人 Lapland），公元 12 世纪开始，芬兰则先后遭瑞典、俄国侵略而成为它们的属地，直至 1917 年俄国十月革命之后才终于成为一个独立的主权国家。

得天独厚的地理气候条件和起伏更迭的历史背景造就了芬兰独具特色的艺术风格，让它同时具有了北欧的纯朴、西欧的古典、东欧的华美和现代的功能性等多重气质，这

样的气质尤其在建筑、室内、家具以及家居用品的设计领
域表现突出。

芬兰首都赫尔辛基拥有欧洲最美、最古、最新的建筑
艺术，因为每年有 5 个月这里为白雪覆盖，城中建筑又大
多取材于浅色的花岗岩，因而呈现出明快的乳白和淡黄色
调。这座洁白美丽的城市从海上便能远远望见，于是被人
称为"北欧白都"。城市中的建筑虽然色调统一，但风格
各异，随处可见意大利或俄罗斯样式的堂皇大厦。市中心
议会广场建于 1852 年的大教堂为典型的新古典主义风格，
结构精美，气势庄严，顶端带淡绿色圆拱的钟楼高出海平
面 80 多米，即便在大海上也能一眼看见，是芬兰建筑艺术
的精华。此外，滨海大道公园旁一系列文艺复兴样式的建筑、

▼ 奇异的室内装饰，芬兰式的幽默感表露无余。

▼ 造型简约，具有杰出的功能型特点，芬兰的钢木和塑胶家具设计长期以来引领着国际现代设计的发展方向。

▶ 玻璃器皿也是芬兰引以为豪的手工艺品。

◀ 精致的家居用品，只需少许几件，便足以画龙点睛。

▶ 艺术品和家具设计配合的天衣无缝。

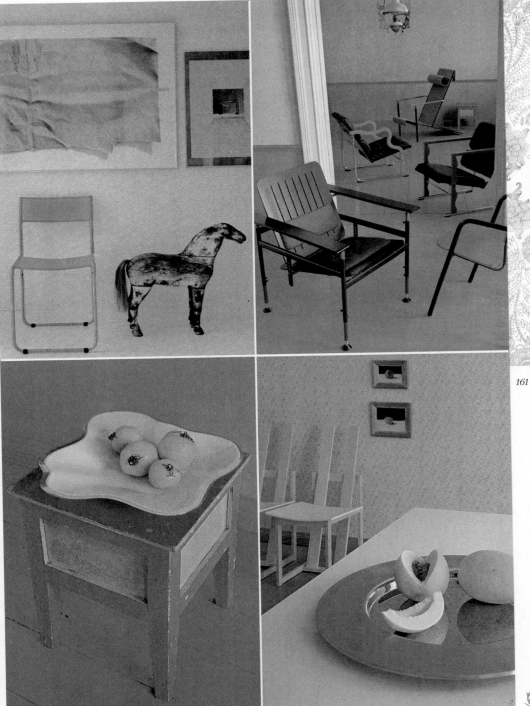

162

▼ 贴墙而立的敞开式木质书橱是房间的主要看点，舒适的长榻是阅读的好地方。

▼ 进门处满是简约自然的气息。

◣ 稚拙的桌椅，单纯的墙面，童话风格呼之欲出。

民族浪漫主义风格的国家博物馆及赫尔辛基火车站，均是芬兰代表性的建筑。最特别的岩石教堂，位于赫尔辛基市中心的坦佩利岩石广场。教堂卓越的设计极为新颖巧妙，完成于 1969 年，是斯欧马拉聂兄弟的精新杰作。建造在掏空的岩石中的岩石教堂，教堂为圆顶，教堂顶部的玻璃屋顶以铜网架支撑，直径 24 米，外部墙壁以铜片镶饰，内壁则完全保持了天然的花岗岩石壁纹理，其余的壁面仍保有原始的岩石风味，教堂入口走廊为隧道状，入口处则涂以混凝土，整座教堂如同着陆的飞碟一般，趣味独具。芬兰人崇尚自然古朴的审美情感在此得到了充分体现。岩石教堂内的中心区域有一个圣坛，与玻璃屋顶所射下的自然光芒相互辉映，尽显圣坛的神圣。

关于芬兰建筑，有个人是不能忽略的——伟大的阿尔瓦·阿尔托 (Alvar Aalto)。作为现代主义风格的中坚人物，阿尔托被公认为 20 世纪世界最伟大的设计师之一。在他一生的 500 多项设计作品中，有约 400 种是专为芬兰而做的。他的设计轻灵、简洁、现代，以不同材质的组合，利用自然地形，融合优美景色，传递鲜明的民族个性和芬兰人特有的山水亲缘，创造了一种独特的，风格纯朴、功能完备的现代建筑风格。其代表作芬兰大厦是一座多功能建筑，造型似一架巨大的白色钢琴静静地靠在湖边，湖水中倒映出线条流畅的琴身，宛如一幅优美的风景画，被誉为芬兰现代建筑史上的明珠。

▼ 简约风格的工作室，顶部的采光设计别出心裁。
▲ 木质的结构性内饰是芬兰风格的特色。

▶ 芬兰人的住宅从来都是和自然的景致相融合的。

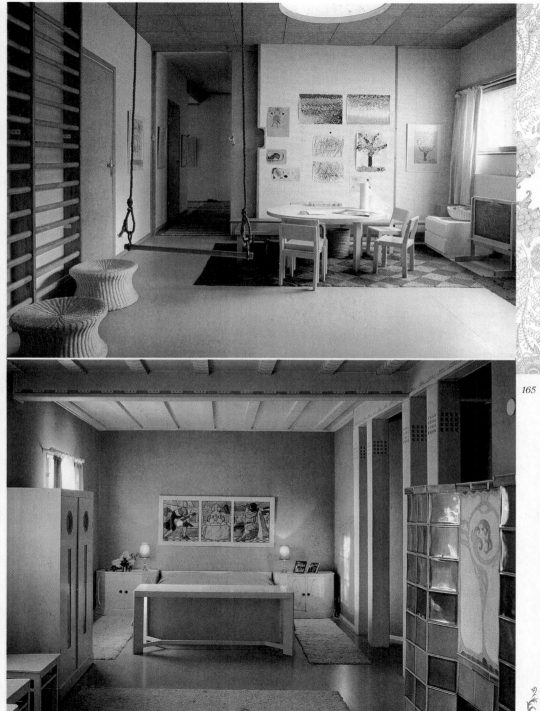

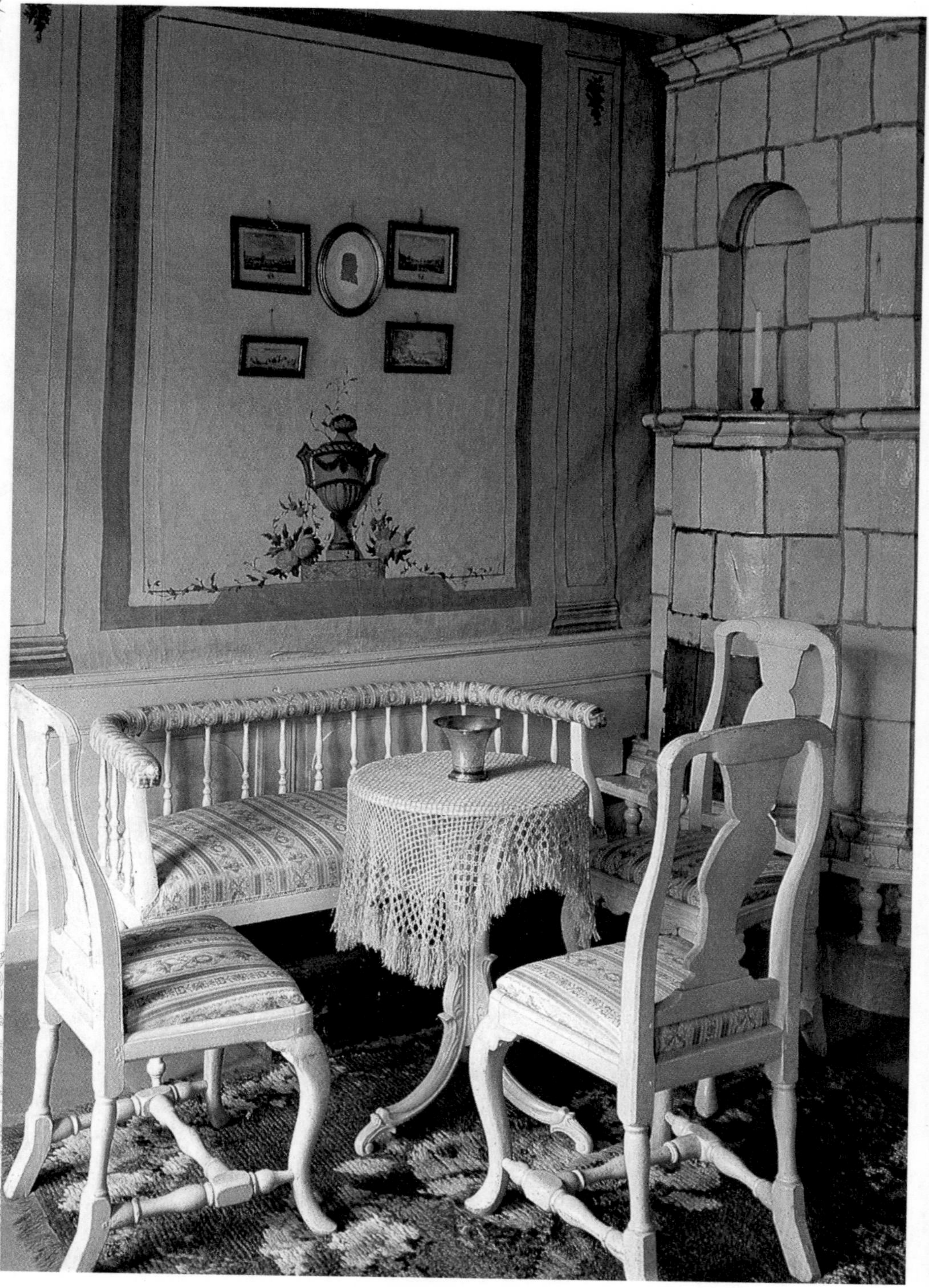

厚重的原木天地，是否让人想起快乐的狩猎季节。

线条流利的桌椅组合，是西欧移民带来的风味。

曾有人这样形容芬兰的居住空间：芬兰人都住在树林里，只有旅游者住在镇子上。这或许稍显夸张，却也非常形象。在这个地广人稀、丛林密布的国家里，懂得享受生活的人都把家安在树林里。自远古时代开始，芬兰人便习惯亲近山水，从萨米人的锥形帐篷到拉普兰乡间的简易木屋，再到设计精良的现代化乡间住宅，阿尔托为芬兰的民宅树立起一种明确的风格——朴实稳重的外观，以不同的材质划分功能空间，平面灵活，使用方便；用距离和空间的通透感联系室内外环境，空间处理自由活泼且有动势，使人感到空间不仅是简单地相互流通，而且在不断延伸、增长和变化；结构构件巧妙地兼为装饰品，达到美观、实用和功能的完全统一，淋漓尽致地展现出芬兰人寄情山水的生活态度。芬兰风格的鲜明特点是对于木材的偏好，各种桦木、松木被大量地运用为室内装饰的主要材料。同为芬兰特产的铜制品则被习惯地用于结构连接和画龙点睛的点缀。在色彩方面，清浅的原木色、黑白色、大地色则是

◤ 刷成浅淡粉绿的木质墙壁，是古老的北欧室内装饰手法。

◥ 阁楼只有一个小开窗，利用清爽的色彩和灯具增加室内的光感。

◢ 明亮柔和的淡黄色让居室分外温馨可人。

芬兰风格的标志性色调。在家具方面，20 世纪芬兰涌现的一批以阿尔托为首的现代主义设计大师为其本土风格带来一系列线条清晰流畅、结构创新、符合人体工学的全新作品，尤其是阿尔托在上世纪 30 年代设计的以可弯曲胶合板制作的家具系列以及塑料和钢木家具系列等作品，奠定了芬兰室内装饰风格简约自然、极具现代感的主要特色。在其他陈设和家居装饰用品方面，以流水曲线为灵感的玻璃制品系列，萨米土著风格的原木雕刻、陶器、挂毯、皮草制品、刀具等，也都是非常典型的芬兰风格元素符号。

$\mathcal{S}weden$
瑞典

▼ 红砖墙是来自英伦的传统，在这里一样适用。

　　瑞典地处北欧，位于斯堪的纳维亚半岛的东部，东北部与芬兰接壤，西部和西北部与挪威为邻，东濒波罗的海，西南与北海相接，海岸线绵延漫长，有 2000 多千米。瑞典的地势由西北向东南倾斜，北部为诺尔兰高原，南部及沿海多为平原或丘陵。瑞典一定是世界上最适合爱情停留的地方：美丽宁静的森林中携手散步采蘑菇、水光潋滟的海湖边相依垂钓看夕阳，有 5 月花树下缱绻的白夜之约，也有 12 月篝火旁露西亚女神陪伴的浪漫永夜……一切的一切，仿佛遥远的童话故事降临眼前，完美无缺。

　　瑞典是个淳朴温馨的国家，SWEDEN 的意思就是"亲属"，而在近现代两次世界大战中保持的中立态度更让这个地方显得卓然世外，气质平和，很有些天下一家的味道。不过历史上，这片土地也曾几度变迁，经历了海盗时代、中世纪、宗教改革期、波罗的海霸权时代的洗礼，当年维京人纵横睥睨的海盗热血，古斯塔夫二世（Gustavus Ⅱ Adolphus，1600—1632 年在位）的王朝盛事也都深深铭刻在记忆之中，只是辉煌过后聪慧的瑞典人选择了回归人性最初的本源：充分享受上帝赐予的这片土地，在春夏秋冬的季节交替中体味生活的乐趣。这也是人们称瑞典为世俗化国家的原因，宗教并不是人们精神生活的绝对重心，大自然的相生相长周而往复才是生存的快乐和意义所在。

　　丰厚的历史底蕴和对大自然的热爱，让瑞典有能力为世界奉献出令人叹为观止的建筑与装饰艺术成就，或华美庄严，或风韵天成，无不打上了不可错认的瑞典风格烙印。早期的瑞典建筑受到罗马艺术风格的影响，多为木结构禅

▼ 简单质朴的木结构房屋是瑞典民居的传统形象。

▶ 堂皇的大宅，风格显然受到尼德兰样式的影响。

172

古老的乡村居所，餐厅的木质镶板已有了斑驳的岁月印痕，青铜的人物雕像是装饰重点。

▼ 巴洛克样式的古董沙发和铁艺吊灯，是欧洲一贯的优雅气质。

▼ 墙壁的瓷砖让空间有种花团锦簇的感觉。

▼ 结构简单的居所，用楼梯区分出相对独立的空间。

◤ 精心设计的壁炉，其装饰功能已经远远超过实用功能。

◤《圣经》故事的世俗化表现方式更是瑞典的特色。

板式，建筑物高大，形制变化丰富，在南部地区还喜爱以塔楼作为装饰手法，比如亚当教堂、圣佩尔教堂、圣奥拉夫教堂和隆德主教堂，都极具特色。

17世纪后，这里的建筑样式深受德国和尼德兰文艺复兴风格的影响。著名的圣雅各布教堂由九个穹顶组成星形，是当时最有特点的教堂建筑。瑞典王室所居的王宫则以巴洛克风格为基调，融入瑞典传统的世俗形式，实用与美观在这个王宫的构建中达到了高度的统一。18世纪以后，瑞典东印度公司海上贸易的成功让斯德哥尔摩的艺术风格更加华丽而且充满异国情调，洛可可艺术开始影响瑞典的建筑，玲珑纤细的装饰风格大量出现，瑞典人甚至仿中国的古典木结构宫殿形式，在王后岛上建起了一座装有蓝绿色琉璃屋顶、深红色藻井的"中国宫"。整个建筑呈弓形，宫门宫窗两侧的边框以中国式图案组成，类似对联装饰，墙上则挂满水墨山水、工笔花鸟的条幅和画卷，多洛尼库尔摩王宫（Drottningholm）更是被誉为"北欧凡尔赛宫"。

19 世纪后，一种纯朴而市民化的元素逐步渗透到新古典主义建筑之中，折中主义风格成为主流，罗马、哥特式的建筑元素也被广泛运用，瑞典建筑开始进入现代时期。完成于 1923 年的斯德哥尔摩市政府大楼，被认为是城市的象征，也是 20 世纪欧洲最美丽的建筑。其特色的黄金之屋，其四壁用一千九百万块约 1 厘米见方的黄金和各种彩色玻璃小块镶成的一幅幅壁画，其辉煌令人咋舌不已。

除去城堡、教堂、王宫和其他大型的公共建筑，瑞典的民居同样有着自己独此一家的特色风格。出于对大自然的热爱，瑞典人在民居建筑中首要考虑的是房屋与周围环

▼ 大量华丽纤细的洛可可装饰手法，是瑞典式的奢华。

▶ 将岩画的图腾引入室内，一派原始风味。

款式典雅的高背椅子是来自17世纪的古董收藏品。

私密的会客空间，门上墙上都是主人心仪的绘画小品。

黄色的墙面和白色的天花，一扫老宅的沉闷。

境的协调性，因此这也成为其民居外观的一大特点，没有非常突出的廓形，但与环境融合，成为整片风景的一个组成部分。而角度平缓的屋顶，是为沿袭在屋顶上种草而做的特别设计，坚固的木结构乡村居所，形制简单不多装饰，外墙多为红色或黑色，以便在偏冷的北欧保持室内的温暖。

在装饰方面，瑞典人的传统文化贡献了最大的特色。在常规的欧洲大陆巴洛克、洛可可风格装饰手法外，瑞典人在陈设上非常偏爱绘画作品，尤其是以自然景色、乡村风情和历史人物和家族祖先为主题的绘画被大量用于室内装饰。同时，以航海和动植物为主题的金属工艺制品也很常见，它代表了早期维京人的血脉传承。瑞典另一个传统的装饰元素就是画石，这种在石头上绘制的彩色陈设品，主题大多是反映斯堪的纳维亚英雄的历史故事，场景宏大，内容丰富，是非常吸引人的艺术品。宗教雕像也是这个波罗的海国家早在 11、12 世纪就开始大量输出的特色产品，着力表现圣经人物和故事，但人物形象又非常贴近世俗，反映出瑞典人对于宗教的独特感受。此外，瑞典清澈的湖泊让其成为非常著名的工艺玻璃出产地，晶莹剔透的玻璃制品同样是最具瑞典特色的装饰元素之一。

不得不提的，当然还有瑞典独步世界的板式家具。瑞典人对自然的喜爱已经渗入到他们生活的各个方面，无论是在家具的设计风格还是材料选用上，都体现得淋漓尽致，而这种家具风格在如今有一个非常响亮并恰如其分的名字：宜家——简单、实用、摩登、舒适、健康。瑞典风格的家具，并不十分强调突出的款式或者个性，但非常注重功能性与环保性，多采用瑞典本土随处可见的松木、白桦制作，有时也用柚木等高档木材，偏爱原色和淡雅的自然色调，追求便于组合的层叠结构，线条明朗，气韵流动，总能在极简中表现出宛如天成的美感、现代感和协调性，和瑞典连绵的森林、珍珠般的湖泊、童话般的木屋相映生辉——或者，那就是北欧自然生活的最佳写照吧。

▼ 在挂满四壁的艺术品的陪伴下，朋友小聚倾谈一定更加惬意。

▶ 满室的绘画，应该是来自斯堪的纳维亚的基因。

183

Norway
挪威

▼ 宽敞通透的几何图形格局，让室内外空间融为一体，人与自然和谐无间。

　　挪威是位于欧洲大陆最北端的国家，西濒挪威海，东邻瑞典，北方与芬兰和俄罗斯接壤，南部隔海与丹麦相望。国土纵贯斯堪的那维亚半岛西部，形如蝌蚪，东西最短相距仅6千米，是传说中古代北欧人的往来要道，因此国名也是取意为"通往北方的路"。挪威峡湾林立，山峦纵横，岛屿密布，有"万岛之国"的别称，又因地处极北高纬，有"夜半太阳之国"的美誉。很多人唱过挪威森林的歌，很多人看过挪威森林的书，他们在脑海中反复描摹，在心中千百次地画像，但只有去过挪威的人才会明白那奇妙的辽阔壮丽和秀美深邃，静谧端庄和狂野奔放。挪威的美丽是充满矛盾而又和谐的。

挪威的历史，有据可考是从公元前 8000 年左右开始的，早期人类以狩猎捕鱼为生。公元前 2500 年前后逐渐产生聚居的氏族部落，谱系属于欧洲的日耳曼人。公元前 8 世纪末期，挪威进入维京海盗时代。因为严酷的气候和奇突的地形，古代挪威人无法获得足够的耕地支持农业生产，于是他们将目光投向大海以寻求食物、土地和财富。他们天才地发明了长船让自己的愿望变为现实。凭着长船的优势，挪威人在公元 8 至 9 世纪强盛一时，频频入侵英格兰、苏格兰、法国和爱尔兰，还在都柏林、诺曼底和格陵兰建立起了永久性的殖民基地，"维京海盗"成为当时欧洲最让人敬畏的词汇。1028 年，挪威成为北海大帝国的一部分，此后在漫长的岁月里，因为国力的衰落一直沦为邻国丹麦和瑞典的附庸，作为二者争夺的对象而充满动荡变迁，直到 20 世纪初才逐步摆脱瑞典的控制，获得独立的国家地位。

在挪威的建筑文化中，宗教建筑占据了非常重要的地位。大约在 10 至 11 世纪，基督教传来，并被确立为国教，

▼ 披着植被的屋顶，是典型的北欧建筑风格，可以在极寒的冬季留住一份温暖。

▲ 挪威的森林宁静如歌。

186

▼ 墙上孩子们涂鸦的画片，记录了老房子历年的快乐。

▼ 空间色彩和悦目，且有温暖自然的触感。

▼ 巧妙的屋顶采光设计是北欧人的偏好。

▶ 在这温暖的居室内小憩，想来变幻瑰丽的极光更是不能错过的风景。

◀ 厚重的石材贴饰为房间平添了肃杀的冰原气质，坐椅的皮毛靠垫含蓄地点出狩猎的主题。

随之而来的便是欧洲大陆成熟的石砌建筑技术。这一时期，挪威兴建了大批教堂，以罗马风格为主，但规模普遍较欧洲大陆为小，装饰简洁朴素，生动的木浮雕和各种铜、银祭祀器皿，巴尔迪绍尔挂毯、以形状不一的玫瑰花为主题的油漆画，还有标志维京海盗的公鸭和龙头图案，都是最具辨识度的装饰元素。特隆海姆市（Trondheim）的尼达罗斯大教堂（Nidarosdomen）是为纪念国王乌拉夫二世·哈拉尔德森（Olaf II Haraldsson，1015—1028 年在位）所建，他去世后被称作圣乌拉夫。这座教堂是北欧国家最古老的哥特式教堂，有高耸的尖顶和对称的塔楼，整体风格威严华美。

由于森林密布，木材资源丰盛，挪威拥有悠久的木材建筑传统。这种传统也同时反映在了教堂建筑中，表现为闻名于世的木板教堂。据考古学家的论证，挪威在 1100—1300 年间建造了近千座木板教堂，目前保存完好的仍有 28 座。木板教堂的结构原理非常精巧：人们用岩石做成四棱见方的地基，以带榫的原木横向拼接做成桁条，再将垂直构件（立柱和顶柱）预制成墙体框架，分别插入地基，房顶可直接安装在墙体之上，或在中央加设一根立柱帮助支撑。木板教堂形式简单，一般只有一个正殿和圣坛，以独立木柱区分出坐席区和过道，在入口处搭配精美的手工木雕作为装饰，外立面则完全借助原木的质感和整齐的序列感来呈现朴素的审美趣味，效果非常独特，令人过目难忘，为挪威独有。位于乌尔内斯（Urnes）的木板教堂已经被列入联合国世界文化遗产名录。

　　在挪威的民间住宅中，木制结构更是最为常见的建筑形式。其构造原理基本与木板教堂相同，但在造型手法上

▼ 仿佛雪洞般的造型憨态可掬，壁炉当然是北极之地不可或缺的温暖之源。

▲ 原汁原味的油漆装饰技法是挪威最本土的细节元素。

清新的绿色搭配简约的木质家具，心情就和落地长窗外的树林一样快乐透明。

温馨可爱的厨房，趣致的椅子完全不成套，紫色、橙色和绿色的搭配让稚拙的乡村气息扑面而来。

却灵活得多，传统的挪威农舍通常由好几座大小各异的木屋组合而成，布局随地区的不同而变化多样。例如在卑尔根的渔民区，木屋多为联排的高狭三层楼房，陡峭的斜屋顶和长窗，山墙完全以木条拼成，还有石砌的地下室。而在"北角"等地，人们会在屋顶上种植一层厚厚的植被，以抵御严寒的天气，让室内保持温暖。因为距离遥远，欧洲大陆的巴洛克、洛可可等艺术风潮虽也先后传到了挪威，但总体而言对挪威的建筑装饰艺术影响不大。位于卑尔根被称作达姆斯嘉德（Damsgard hovedgard）的洛可可风格的木制乡村庄园可能是其中最具代表性的作品了。

挪威的建筑装饰艺术，在20世纪80年代之后，以功能主义为核心的设计理念是其现代风格的基础，在新老风格的融合和后现代主义的创新上都取得了非凡的成就。

▼ 细致的木雕方桌和镜框，展示出挪威人精湛的手工艺技巧。

▲ 裸露的砖墙，还带着原始的粗犷风味，古典造型的浴缸让人瞬间回到百年前的时空。

例如挪威中央银行总部大楼，占据奥斯陆市中心整整一个街区，成功地与周围的古老建筑融为一体；而利勒斯特罗姆市（Lillestrom）的圣·马格努斯教堂（St Magnus Church），则完全由模块构件组成，一个两边各有一个礼拜堂的巨大圆形庇护所，虽然是一座彻头彻尾的现代化建筑，却完全符合教堂的传统观念。90年代出现的一系列复合主义建筑作品，恢复了宽大、平滑、清晰的几何形外观，以抽象寓意的线条和材料质感展现设计主题，同样前卫而易懂，引领世界建筑的新风潮。简单质朴的北欧人，与化繁为简的现代风格仿佛有种天生的契合度，于是成为理所当然的领跑者，每每给人意想不到的惊喜。

Denmark
丹麦

▼ 清空下宁静伫立的城堡，是秋日艳阳最美丽的图画。

　　丹麦位于欧洲北部，西濒北海，东北方向隔着斯卡格拉克海峡（Skagerrak）与挪威、瑞典两国遥遥相望，南部则与德国接壤。丹麦本土由日德兰半岛的大部分和西兰岛、菲英岛、洛兰岛、波恩荷尔姆岛等406个岛屿和法罗群岛、格陵兰岛两个自治领组成。其地理位置正夹在北海和波罗的海之间，掌握着波罗的海入北海和大西洋的咽喉要冲，是沿岸各国出入大西洋的门户，又是联系欧洲大陆和斯堪的纳维亚半岛的唯一通道，因此丹麦有时也被人们形象地称为"日德兰桥"。

　　两千年前，丹麦被罗马人视为"北方的蛮族"；一千年前，他们是欧洲大陆谈之色变的"维京海盗"。但是丹麦的艺术风格却承继了欧洲传统底蕴，展现出异乎寻常的纯美气质，成为"童话王国"的最佳注脚，虽历经岁月变迁沧海桑田，依然魅力独具。丹麦的古典建筑，主要开始于公元11世纪，随着基督教的传播，罗马风格和稍后的哥特风格的宗教建筑从欧洲大陆进入日德兰地区，它们与斯堪的那维亚本土的早期木结构建筑范式融合，采用石灰石、花岗岩等材质，形成简单、敦厚而精致的艺术风格，主要表现在目前仍大量留存在城镇和乡间的社区教堂、修道院等建筑中，如东部的维堡主教堂、赫尔辛格修道院等。

　　作为历史悠久的古老王国，丹麦最美的建筑无疑是众多的皇室城堡，它们多数集中在首都哥本哈根。丹麦传统

▼　古老的小镇，充满情趣的地方。斑驳的墙体是过往千年沧桑的见证。而手工的窗栏护板，是北欧最常见的建筑格式。传统的民居展示着古和今的完美融合。

▶　石材也是丹麦人钟爱的建筑原料。

▼ 小巧的会客空间因为柔和的自然色和带有"微笑感"的流畅直线而显得舒适宜人。

▶ 明亮宽敞的凸窗将户外迷人的森林景色引入室内，大量的碎花图案布艺装饰让空间更加恬静。

盛产卓有创意的设计师，而其中首屈一指的领袖人物当数国王克里斯蒂安四世。这位 1588—1648 年在位的国王，倾其毕生为哥本哈根规划了城市发展蓝图。在他的授意下，优美文雅充满荷兰文艺复兴气质的菲德烈斯堡宫和罗森堡宫，与蓝天碧湖交相映衬的天文了望台圆塔，耸立在市中心的带有龙尾盘绕状尖顶、世界上最早的证券交易所，为哥本哈根描绘出了最初的天际线。阿玛连堡宫（Amalienborg Slot）则至今都是丹麦王室的驻地，这座宫殿由四座一模一样的宫殿合并而成，它们相互环绕，中间形成了一个八角形广场。广场西端的"大理石教堂"是丹麦为数极少的几个圆顶巴洛克风格教堂之一，巨大的圆顶直径约 30 米，上面绘有耶稣的 12 个使徒画像，华丽端严，极具王室风范。

20 世纪后，丹麦最伟大的古典风格建筑则首推管风琴

教堂，这座教堂是为了纪念 19 世纪著名的神学家和赞美诗
作家哥戎维（Nikolaj Frederik Severin Grundtvig）而兴建。
教堂的设计者为大师尹森（Georg Jensen），他为之耗时 19
年，并最终由儿子考尔（Kaare Jensen）和孙子伊斯本（Esben
Jensen）继承其业才得完成。教堂得名是因为其外形酷似一
架巨大的管风琴。作为丹麦设计的典范，管风琴教堂简洁
大方，别致典雅。教堂内部非常朴素，没有常见的巴洛克、
洛可可或雕像壁画装饰，仅使用了共 600 万块特别烧制的
黄砖砌出外墙及不同造型的顶棚、支柱和窗框等，但构思
之奇妙，令人耳目一新，叹为观止。

　　除了宗教建筑和皇室建筑，许多大规模的公共和民用

▼ 圆弧形的结构
和大幅的落地窗让
空间显得非常生动
而具穿透力。

▼ 完全以原木拼
接为设计思路的民
居。

▶ 粗犷的梁柱和
趣致的家具及墙面
拼贴打造出早期的
北欧狩猎风格。

◀ 木材本身的曲
度被巧妙利用起
来。

▶ 石材堆砌的壁
炉温暖地伫立在挑
高的空间中。

白墙搭配刻意未加修饰的梁木结构，营造出独特的装饰线条，成为室内空间的视觉焦点。

大量的原木显现出起伏跌宕的空间氛围。

极具存在感的皮质沙发与裸木让客厅成为典型的男人俱乐部，很有几分北欧蛮人风格。

建筑也是丹麦建筑艺术的精品。始建于 15 世纪的哥本哈根市政厅，以精细的内部叙事雕刻和天文钟楼闻名于世。钟楼高达 107 米，它不仅是供人们鸟瞰全市风光美景的了望塔，也是一座世界时钟，不仅走时极其准确，而且能计算出太空星球的位置，告诉人们年、月、日和星期几、星座的运行、太阳时、中欧和恒星时等，蔚为奇观。

被誉为"北方巴黎"的哥本哈根是一座宁静美丽的古老海滨城市，从最初的小渔村发展至今，始终保持着国王克里斯蒂安四世高尚的审美品位：鲜花满地绿草如茵，河道蜿蜒湖水如镜，港口白帆点点，红瓦红墙的小房子簇拥着尖顶的教堂和坚固的城堡，花岗岩石的街道铺陈出千年

▼ 浴室保留原始
风格元素的同时，
凸显出人性化的功
能特色。

一贯的气场，正是轻易就能让人沉醉迷失的童话世界。

　　受益于 16 世纪哥本哈根皇家美术学院的深厚遗泽，丹
麦的现代设计同样成就斐然。从文艺复兴到新古典主义，
再到 20 世纪 30 年代以后的国际风格样式公寓，丹麦设计
师始终执风气之先，而目前风靡世界的北欧风格也正起源
于丹麦。丹麦设计师首创地提出了功能、材料和外观的高
度统一，纯白的混凝土外立面，大块的玻璃采光，以及带
有"微笑感"的家具和装饰线条，搭配室内具北欧传统风
格的琥珀、银饰、陶器、玻璃制品、宗教故事木雕人像、
自然色彩和鲜花装饰，成就的是明快、简洁、恬静、和谐、
人性化的丹麦现代风格。

◥ 宽大的实木长
桌是全家人相聚倾
谈的好地方。
◢ 木材原色与绿
色搭配出经典的乡
村风范。

图书在版编目（CIP）数据

凛冽欧罗巴/心安工作室编著． —上海：上海科学技术文献出版社，2017
（寻找生活：环球风格阅览）
ISBN 978-7-5439-7375-6

Ⅰ．① 凛… Ⅱ．①心… Ⅲ．①室内装饰设计—世界—图集 Ⅳ．① TU238.2-64

中国版本图书馆 CIP 数据核字（2017）第 079603 号

责任编辑：孙　嘉
封面设计：周志英

凛冽欧罗巴
心安工作室　编著
出版发行：上海科学技术文献出版社
地　　址：上海市长乐路 746 号
邮政编码：200040
经　　销：全国新华书店
印　　刷：河北环京美印刷有限公司
开　　本：650×900　1/16
印　　张：13
版　　次：2022 年 1 月第 2 次印刷
书　　号：ISBN 978-7-5439-7375-6
定　　价：58.00 元
http://www.SSTLP.com